U0267391

湛庐 CHEERS

与最聪明的人共同进化

HERE COMES EVERYBODY

上帝的手术刀

基因编辑简史

王立铭◎著

浙江人民出版社
ZHEJIANG PEOPLE'S PUBLISHING HOUSE

谨以此书献给我亲爱的父亲母亲。

人类历史上最伟大、最美妙的故事是科学讲出来的，科学的故事，其宏伟壮丽、曲折深幽、惊悚诡异、恐怖神秘，甚至多愁善感，都远超出文学的故事。这本书正是讲述了这样的故事，它打开了基因科学深奥的硬壳，用清晰生动的文笔，把人类认识生命奥秘的伟大历程生动地展现出来，让我们经历了一次曲折而震撼的发现之旅，让我们从分子的层面重新认识生命的过去、现在和未来。

刘慈欣

2015 年雨果奖得主，《三体》作者

不断需要向领域外的人解释基因编辑技术，因为困惑于如何脱离开晦涩的专业术语、在短时间内传道解惑，所以自私地期待有懂行的科学家愿意跳出来布道。惊喜地拿到王立铭的书稿，作者果然是难得的会用"人话"讲故事的高手。作为本领域的从业者，我可以津津有味地通读下来，相信生命科学领域的专业人士和非专业的普通读者，都可以通过这本趣味十足、深入浅出的好书，全面了解基因编辑领域甚至整个分子生物学科学史。

魏文胜

北京大学教授，基因编辑专家

科学认识世界，技术改变世界。科技工作者正如普罗米修斯盗取天火一般，孜孜不倦地为人类争取对命运认知和选择的权利。今日大家习以为常的种种物事，无不凝聚着一代代科技工作者的奋斗，也正是我们的璀璨文明存在的根据。然而，也许正是因为容人慵懒的便利和信息的爆炸，科技普及，让前沿科学走入公众视野从而被正确感知和支持也越来越困难。生命的复杂性又使得生命领域的科普尤为不易。基因，这一耳熟能详的词汇，恰恰又最常被误读和误解。我们常有"造谣一张嘴，辟谣跑断腿"的无奈，更有生命因受误导而无谓牺牲之后的叹惋。而立铭的新书，再次巧妙地向我们展示了科技普及的精要：科普并不仅仅要用"信、达、俗"的语句传播知识，更是要用追求真知的科学精神、精益求精的技术态度和造福社会的人文关怀来感染每一名读者，让他们能够一起成为"天火"的人间使者。让我们一起阅读本书，去沉浸在从基因的发现到应用这段理想与现实冲突，机遇与实力交织的历史中；让我们站在一个新的角度，一起去看未来。

李英睿

碳云智能首席科学家

作为生物科研工作者，基因对我而言，就像生活中的阳光和水一样熟悉。但读完这本书，我有了一种全新的感觉。立铭是一位优秀科学家，也是一位很会讲故事（八卦）的人。相信很多人读完以后，都会像我一样，为漫漫历史长河中，科学研究带来的那种磅礴的气势和能量所倾倒。

菠萝

癌症科研专家，科普达人，《癌症·真相》作者

这是一本严谨的科普作品，但我看的时候总有一种读修真小说的感觉。它真实记录了在基因编辑领域，人类是如何一步步突破障碍，参悟大道，由凡人向神灵转变的。

烧伤超人阿宝

微博名人，科普人士，《八卦医学史》作者

科学的故事之旅

2016 年雨果奖获得者

《北京折叠》作者

郝景芳

立铭的书稿给我寄来一段时间我才开始读。忙碌的生活头绪众多，不大有时间阅读科普著作。但是当我开始阅读的时候，我就有一种放不下的感觉。原因无他，立铭是把科学之旅写成了一本小说。

这本"小说"的起承转合是这么跌宕起伏，中间的一些段落就像电影中故意设置的高潮低谷——基因修复手术成功的普天同庆和后来两起事故的巨大悲剧，一起一伏，令人错愕深思。这样的书写一方面是增加阅读的趣味，另一方面是让人忍不住思索：如果有强烈的副作用，一项好的科学尝试还应该进行下去吗？如果有风险，谁来承担风险的后果？好的科普著作最重要的一点特征就是引起思索。一本书有没有给读者留下问题，比它有没有给读者留下知识更重要。立铭的书无疑做到了这点。在他的故事中，我们看到了生命科学艰难的前路探索，有突破和狂喜，也有犹疑和后撤。在这个过程中，人类始终带着对生命的问题前行。

这本"小说"也非常善于埋伏笔和抖包袱。先是留一个巨大的难题：基因修复如此之困难，什么样的设备能做到？然后让神秘武器登场——神奇的"黄金手指"锌手指蛋白。先将神秘武器的作用讲得洋洋洒洒，此时话锋一转开始讲30年前的故事。任何读者此时都按捺不住想要急切往下翻。这是说书人最常使用的卖关子的好办法，立铭在科普著作中运用得驾轻就熟，让一本知识深奥的科学书呈现出大树下摇着扇子讲故事的悠悠然。

这些特征注定了这本书是好看的。而其中涉及的前沿知识又注定了这本书是实用的。当前基因技术是这么火热，无论是什么样的科技新闻都能天天读到：人类即将攻克癌症了、人类即将长生不老了、人类即将用基因编辑技术改变智商了……所有这些绚烂得不可思议的设想，有哪些不切实际，又有哪些唾手可得？在一个公众号文章铺天盖地而又难以分辨真伪的时代，在一个信息如海洋但是伪劣信息鱼目混珠的时代，在一个张口唬人很容易知识变现的年代，能踏踏实实言简意赅地书写可靠的知识，已经不仅仅是实用，甚至可以说是良心。立铭的这本书是有良心的信息源，看过了这本书，可以省却大量阅读芜杂文章的时间。

任何时候，接近知识源头的信息都是最宝贵的。一般的科学家很少会自己写科普，科普作者很少兼任科学家。立铭作为浙江大学的优秀青年学者，既是一线前沿的生物科学家，又是难得的亲历亲为的写作者。仅仅就这一点而言，他笔下的生物研究领域，就比道听途说的知识写作多了许多信度。而他能从局内人的角度，把生命科学研究领域内探索的曲折历程写清楚，无疑给了我们这些门外汉难得的一窥究竟的机会。

在这个人类生命即将被改写的重大历史节点上，我想你不该错过这样一本书。

基因编辑：连接历史和未来

你可以说，这是一本关于历史的书，在书中，我为大家讲述了在过去的 100 多年里，我们对遗传的秘密孜孜以求的追寻过程。在那段漫长的岁月里，人类逐渐理解了某些看不见摸不着的神奇因子决定了每个生物体独一无二的性状，又最终确定这种名为"基因"的神奇因子就隐藏在每一个细胞的深处，镌刻在长长的 DNA 分子链条上。拜托这段伟大的时代所赐，我们终于可以轻轻拨开神谕和天命编织的荆棘丛，透过五颜六色的皮毛、紧密交织的血管和肌肉，看清地球生命最深处的真实形象。在 2003 年"人类基因组计划"完成后，关于我们自身的遗传秘密也已经一览无余。当然，直到今天，对于人类基因组这部有着 30 亿碱基对的天书，我们能读懂的部分仍然不多。但是这段伟大的时代里无数辉煌的成就也给了我们信心——通读这部天书，我们终将会理解人类的一切秘密。

就像人类科学史曾经无数次证明过的那样，更深刻的理解将带来更伟大的力量。当我们开始理解人类的遗传秘密之后，我们自然而然地希望利用这些秘密使我们自己更强大。早在 1963 年，就在著名的 DNA 双螺旋模型获得诺贝尔奖之后仅仅一年，分子生物学家约书亚·莱德伯格

（Joshua Lederberg）就已经乐观地预言，通过修改人体基因来治疗疾病，"将仅仅是个时间问题"。此中蕴含的道理是不言而喻的：既然基因对于生物——当然也包括人类——的性状是如此重要，那么形形色色的人类疾病也一定会和基因的错误密切相关。既然如此，通过修改基因出现的错误来治疗疾病不就是顺理成章、釜底抽薪的办法吗？

莱德伯格的预言终于在 1990 年实现了。在那一年，威廉·安德森（William Anderson）医生将一段功能正常的人类基因放入 4 岁小女孩阿香提·德希尔瓦（Ashanti DeSilva）的细胞内，以替代小女孩身体内出现致命错误的基因。基因治疗从科学家和科幻作家的幻想走进现实。尽管这次试验日后收获了毁誉参半的评判，但却毋庸置疑地标志着一个新的伟大时代的开始。人类从此开始挥舞上帝的手术刀，修改自身的遗传信息，对抗亿万年进化留给自己的病痛折磨。在此后的二三十年里，基因治疗收获过鲜花和掌声，也走过了血泪相伴的艰苦征途。而人类手中的手术刀，也不停地升级换代，从简单粗暴的"缺啥补啥"，走进了精确编辑基因组的时代。

不得不说，这项早慧而晚熟的技术直到今天也还没有真正瓜熟蒂落。科学家和医生们不得不一次又一次低下头承认，修改基因对抗疾病的浩大工程仍然需要更大投入、更多测试，以及更耐心的等待。但是没有人否认，这项技术在未来的某一天，注定要大放光彩。

因此你也可以说，这是一本关于未来的书。

因为从人类开始尝试理解遗传秘密、试图修改自身遗传信息的那一天起，这项事业就注定不会停步。在开始的时候，我们当然会像安德森医生那样，用粗糙的工具操弄单个基因，希望帮助到那些罹患罕见遗传疾病的人们——在这些不幸的人们体内，某个重要的基因出现了致命错误失去了功能，因此只要把这段基因重新补充回去，患者就能够恢复健康。但是之后呢？我们能否用更精良的手术刀，直接把错误的基因修改正确？再往后呢？我们能否同时修改多个基因，帮助那些身体内多个基因同时出现问题的患者？

再往后呢？

在治疗疾病之外，我们会不会期待，修改基因能够让我们远离某些疾病？那些携带癌症风险基因的人们，自然会希望在癌症来袭之前将这些基因修复完好；而那些对于各种细菌病毒没有抵抗力的人们，自然也会希望通过修改自己的基因，让自己从此对这些外来敌人高枕无忧。艾滋病就是一个很好的例子，毕竟，人们已经知道有几个基因对于艾滋病毒入侵人体至关重要！从糖尿病到高血压，从近视到抑郁症，从微量元素缺乏到骨质疏松，随着人类更好地理解各种疾病背后的遗传秘密，随着基因治疗的工具愈加精良，我们可以预计，会有越来越多的人希望借助这把上帝的手术刀，让自己远离病痛的干扰。

那么更进一步……会不会有一天，我们也会利用这项技术，让自己更聪明、更强壮、更长寿、更美丽？会不会有一天，我们也会按照我们的意愿改造自己的下一代，把生命稍纵即逝的光华写进我们的遗传密码，从此成为永恒？如果那一天到来，等待我们的是焕然一新的人类，还是魔鬼出没的世界？我们应该欢呼人类从此将命运真正握在手中，还是要哀鸣人类的狂妄给自己敲响了丧钟？

不得不说，对于这些问题，整个世界都没有准备好答案。但是未来的未来，真的已经开始到来。不管基因编辑意味着阿拉丁的神灯还是潘多拉的魔盒，这幕正剧的大幕已经拉开，作为观众的我们都只能选择屏住呼吸，等待即将上演的悲欢离合。

HUMAN
GENE
EDITING

上帝的手术刀

基因编辑简史

想要了解基因编辑技术的发展历程吗？
基因编辑技术将如何改变人类的未来？
扫码下载"湛庐阅读"APP，搜索"上帝的手术刀"，
听王立铭教授亲自读给您听！

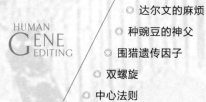

01

基因的秘密

达尔文的麻烦

"遗传",听起来是个人人都能理解的科学名词。中国人说"种瓜得瓜,种豆得豆""老鼠的儿子会打洞",英美人说"like father like son"(有其父必有其子)。这些俗语里反映的生物代际之间的相似性,就是遗传。其实从这几句俗语就能看出来,先人们大概早就发现,不管是动物还是植物,不管是生物的外形、行为,还是性格,这些性状都能在一代代的繁衍中顽强地延续和保留下来。

实际上,早在人类文明开始之前,人类就已经充分——尽管也许是下意识——观察到了遗传现象的存在,甚至已经开始利用遗传规律改善自己的生活了。

现代人类的祖先可以追本溯源到数百万年前的非洲大陆。2015年,古生物学家在东非埃塞俄比亚发现的下颌骨化石,将人属生物出现的时间又一次大大前推至距今 280 万年前。在 200 多万年的无尽岁月里,先祖们在非洲大陆上采集植物果实、捕获动物,过着靠天吃饭、随遇而安的日子。人类文明的曙光出现在距今十几二十万年前。那时，现代人的直系祖先——人属智人种——出现在非洲大陆，并且很快一批批地走出非洲，在全世界的各个大陆和主要岛屿上开枝散叶，也把采集和狩猎的固有天性带到了世界各地。在那个时候，还压根看不出我们这些身材矮小、面相平凡的先祖会在日后成为整个地球的主宰。

然而，就像突然拥有了某种未知的魔力一般，差不多从 10 000 年前开始，在世界各地快乐采集和狩猎的智人先祖们，几乎在一眨眼间就改变了赖以生存的生活方式。这些变化开启了农业时代，也最终催生了今天建立在发电机、汽车、互联网和生物技术基础上的全新人类社会。而这一切变化的开端，就是祖先们对于遗传规律的利用。

在贾雷德·戴蒙德（Jared Diamond）的名著《枪炮、病菌与钢铁》中对此有着生动详尽的讨论。就在人类先祖走出非洲的必经之路上，地中海东岸生长着繁茂的野生小麦，它们的种子富含蛋白质和淀粉。因此我们不难想象，当生活在中东新月沃地的人类先祖们在偶然间发现这种植物后，一定会如获至宝地将它们作为日常采集和储藏的对象。对于先祖们来说，这和他们数百万年来在非洲大陆进行的日常采集工作并无分别。

但是如果先祖们想要把这些野生小麦挖出来，栽培在自己村庄的周围，为他们提供稳定的食物来源，就会遇到一些棘手的问题。野生小麦的麦穗会在成熟后自动从麦秆上脱落，将种子尽力播撒到周围的泥土里。这是这些禾本科植物赖以生存繁衍的性状之一，但这也使得人类先祖想要大规模收获小麦种子变得非常困难。毕竟，总不能一天到晚盯着快要成熟的麦穗，在它们刚要成熟尚未脱落的短暂时间窗口里眼疾手快地收割吧？

后来，在某个不知名的具体年代，生活在中东地区的远古居民们无意间发现了一些偶然出现的遗传变异小麦。这些小麦的麦穗即便成熟以后，也不会自动脱落。我们可以很容易想象，如果这些变异小麦出现在野外，将注定只有死路一条。因为它们完全无法通过脱落的麦穗散播自己的后代。但这些变异植株对于我们的先祖们来说却无比珍贵，因为这样的遗传突变小麦会大大方便他们在固定时间大批收割麦穗、储存麦粒（见图1-1）！

更要紧的是，先祖们一定也在无意间发现了遗传的秘密——种瓜得瓜，种豆得豆，因此这些仿佛是上天赐予般的神奇的小麦种子，也将会顽强地保留这种对人类先祖而言——而不是对小麦自身，极其有利的性状。所以我们可以想象，先祖们可能会将这些奇怪的植物小心移植到村庄周围，用心呵护，直到收获第一批成熟的种子。这些种子将成为下一年扩大种植的基础。就这样，伴随着一代代人类先祖们的细心发现、栽培和收获，符合人类需要的优良性状被保留了下来，一直保留到今天。

这些无意间发现的遗传突变小麦，可能标志着人类农业社会的开端。

图 1-1　古埃及壁画

HUMAN GENE EDITING

上帝的手术刀

基因编辑简史

画中的农民们正在收割小麦。今天在全球范围内广泛种植的小麦是人类驯化的产物，在漫长的驯化过程中，野生小麦天然出现的遗传突变被远古居民发现并小心保留下来。

在中东、黄河两岸以及中美洲的丛林里，对遗传现象的理解和利用给我们的先祖带来了籽粒更饱满、发芽和成熟时间更统一的小麦和大麦，豆荚永不会爆裂的豌豆和大豆，有着超长纤维的亚麻和棉花，还有绵羊和鸡鸭等各种家禽家畜。人类的文明时代就这样开始了。因为这些遗传现象，人类祖先们得以告别随遇而安的狩猎采集生活定居下来，靠小心侍弄作物和家畜过活。也因为这些遗传现象，人类祖先们可以生产出多余的粮食来养活四体不勤、五谷不分的神父、僧侣、战士和科学家，可以组织起复杂的政府和广阔的国家，建造辉煌的神庙和宫殿，并最终孕育出了神迹般的现代人类社会。

但是遗传的本质究竟是什么呢？为什么是"种瓜得瓜，种豆得豆""老鼠的儿子会打洞"呢？反过来，如果遗传的力量是如此强大，为什么我们仍然可以在自然界看到各种各样的丰富变异？为什么生长在中东新月沃地的野生小麦，百万年来遵循着成熟即脱落的繁衍规则，却还是能偶然产生麦穗不会脱落的后代，而这种奇特性状又可以稳定地遗传下去？为什么经过一代代的筛选后，长得像狗尾巴草一样的野生玉米会变成今天穗壮粒满的模样（见图1-2）？

图 1-2 野生类玉米（左）和今天广泛种植的玉米作物（右）

两者看起来几乎不像是同类生物。在玉米的驯化过程中，玉米穗的大小变化更是惊人。

最早从理性高度思考遗传现象本质的，是同样生活在地中海边的古希腊人。

在古希腊哲学家德谟克利特和希波克拉底看来，遗传现象必然有着现实的物质基础，不需要用虚无缥缈的神祇来解释。在他们的想象里，遗传的本质是一种叫作"泛生子"（pangene）的微小颗粒。这种肉眼不可见的颗粒在先辈的体内无处不在，忠实记录了先辈从形态到性格的各种性状，并且会在交配过程中进入后代体内。以泛生子颗粒承载的信息为蓝图，子代得以表现出对先辈们的忠实模仿。

必须承认，泛生子的概念本身，其实并没有解决任何实际问题。或者刻薄点说，这只是把人们习以为常的遗传现象用一个听起来晦涩难懂的名词概括了出来而已。但是这个从现象到概念的抽象过程绝非毫无用处。至少，借用这个概念，人们可以把许多看起来很不一样的现象联系起来。例如，无性生殖——微小的细菌和酵母能够一分为二产生两个后代；有性生殖——雌雄家畜交配后会生出一群嗷嗷待哺的小崽儿；甚至还包括果树的嫁接——为什么果树嫁接后的果实会带有接穗（用来嫁接的枝条或嫩芽）和砧木（用来承接接穗的树木）的共同特征，不就是因为泛生子颗粒能够从砧木毫无障碍地流动到接穗里面去，和接穗的泛生子合二为一嘛！因此，这个生命力顽强的概念从古希腊时期一直流传到了近代。甚至在 19 世纪中期，在达尔文创立进化论，为地球生命和人类的起源找到科学解释的时候，他仍然借用泛生子的概念作为自然选择理论的遗传基础。

在达尔文看来，一个生物个体的所有器官、组织乃至细胞，都拥有自己专属的泛生子颗粒。手的泛生子记录着每个动物的手掌大小、宽窄、掌纹乃至毛发的生长位置，眼睛的泛生子当然少不了记录眼睛的大小、虹膜的颜色、视力的好坏，等等。在交配过程中，来自父母双方的泛生子融合在一起，共同决定了后代们五花八门的遗传性状——就像红蓝墨水混合以后产生的紫色液体，仍旧带着红色和蓝色的印迹（见图1-3）。

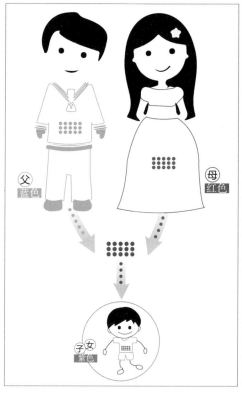

图 1-3
泛生子融合理论

按照这种理论，父母的遗传信息隐藏在泛生子颗粒内，在交配过程中，父母双方的泛生子颗粒混合进入子代，决定了子代的性状。

更要紧的是，泛生子携带的生命蓝图一旦出错，就会导致后代遗传性状的"突变"，而这些突变，就是达尔文进化论中自然选择和最适者生存的物质基础。正是因为有突变，一代代生物个体才会具有微小但能够稳定遗传的差异，而这些遗传差异影响着生物个体在环境中生存和繁衍的能力，并最终导致最适者生存。

就像许多读者早在中学时期就耳熟能详的那样，达尔文的进化论在诞生后遭到了猛烈攻击。特别在宗教界人士和虔诚的信徒们看来，达尔文的学说亵渎了人类万物之灵的神圣性，也把传说中按照自己的模样造人的上帝置于可有可无的尴尬地位。牛津主教塞缪尔·威尔伯福斯（Samuel Wilberforce）的那个著名问题——"尊敬的赫胥黎先生，你是否愿意承认自己的祖父或祖母是猿猴变来的"——也因此进入了中小学教科书。

但很少有人知道的是，进化论同样遭遇了严肃的科学批评。热力学创始人之一、物理学家开尔文勋爵（Lord Kelvin，原名威廉·托马森）当时估算出地球的年龄至多不会超过一亿年，而这点时间远远不够积累出达尔文进化论所需的五花八门的遗传突变（当然，后来人们意识到地球的年龄远大于此）。古生物学家们对此发出了诘难，按照进化论，地球上必然存在许许多多物种之间的中间形态，但是它们的化石又在哪里呢？（越来越多的化石发掘已经填补了大量进化过程的所谓"缺环"。）有一个批评可能是最致命的，因为它声称发现了进化论和遗传融合理论的深刻矛盾，换句话说就是，达尔文辛辛苦苦为进化论找到的遗传基础，可能根本不支持进化论的声明！

这一批评来自苏格兰工程师、爱丁堡大学教授亨利·弗莱明·詹金（Henry Fleeming Jenkin）。他评论说，按照达尔文的进化论，生物的遗传物质需要经历漫长、微小的突变过程，才能产生足够显著的性状变化，最终造就地球上千万种五花八门的物种（见图 1-4）。

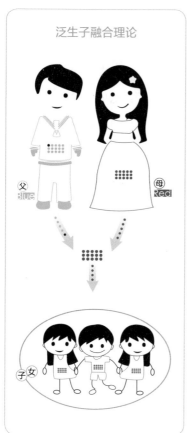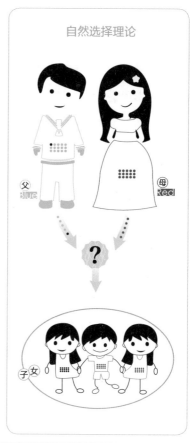

图 1-4　泛生子融合理论（左）和自然选择理论（右）的矛盾

按照泛生子融合理论，那么父母体内泛生子的微小变化会在交配繁衍过程中被"稀释"不见。这一点和自然选择理论是矛盾的。按照后者，微小的遗传变化也是可遗传的，这将成为自然选择的物质基础。

HUMAN GENE EDITING

上帝的手术刀

基因编辑简史

打个比方，就像有一头小猪，今天替换掉鼻子，明天替换掉尾巴，几个月后（如果在这个过程中不考虑小猪的感受的话），我们就能把它变成一头小牛。但如果泛生子融合理论是正确的，那么任何生物个体中出现的一点点微小的遗传变异，都会在交配繁衍的过程中湮灭不见——就像一滴墨汁滴入一大杯牛奶，黑色很快会消失不见。

我们立刻可以看出，小猪变小牛和墨汁滴入牛奶，是完全无法相容的两套理论。如果前者是正确的，就像在说一滴墨汁——不管多么微小——都可以让整杯牛奶变黑；而如果后者是正确的，那么小猪根本就不会失去任何原有的特征，因为所有微小的遗传变异都会像牛奶里的一滴墨汁一样，会被毫不留情地稀释消失。

达尔文也许并没有多么严肃地看待詹金的辩驳。数年后，达尔文发表了他的另一本巨著《人类的由来和性选择》，正式把人类开除出伊甸园，成为猿猴们的近亲，他的依据仍然是自己的进化论。而达尔文和詹金都不知道的是，就在他们为泛生子融合理论反复辩驳诘难的同时，在数百公里之外的欧洲大陆一座不起眼的修道院里，人类的目光已经穿透纷繁壮美的地球生命，第一次看到了遗传的真正秘密。

遗传的秘密隐藏在黑暗之中。

上帝说，请让豌豆开花结果，于是一切有了光明。

种豌豆的神父

在抽象的哲学思辨——想想德谟克利特、希波克拉底和达尔文——之外，世界各地的农牧民们也在自觉不自觉间研究着遗传的秘密。

当然，这里头的缘由是很朴素的。农民和牧民们担心的问题也许只是，怎样能培育出更符合人类需要的动物或植物？如果发现了有益于人类的生物性状，怎样保证这样的性状能稳定存在下去为我们所用？一个很经典的例子是达尔文曾经在自己的《物种起源》中讨论过的"安康羊"（见图1-5）。1791年，美国马萨诸塞州的一位牧民偶然在自家的羊圈里发现了一只腿短、跳跃能力极差的小羊。这只小羊立刻被用来繁育更多的后代，因为它的后代根本无法翻过低矮的羊圈，这使得羊群管理变得方便了许多。

图1-5 安康羊

这种短腿的变种在野外将毫无生存能力，但是它能够极大地方便牧民圈养，因此被牧民细心挑选并推广开来。很明显，安康羊是一次偶然的遗传变异的结果，因为其父母的腿都是正常的。

HUMAN
GENE
EDITING

上帝的手术刀
基因编辑简史

012

当然了，农牧民们还有一些在技术层面上更复杂的目标，例如怎样把不同的优良性状整合起来（当然，这里的"优良"一词仍然仅对人类适用，对于动植物而言就不一定是什么好事了，比如短腿的安康羊和麦穗不会自动脱落的小麦）。以另一种重要的驯化动物家猪为例，脂肪含量比野猪高、体型比野猪小、圈养在一起也从不打架斗殴的家猪是远古农民们梦寐以求之物。而繁育出这样的猪并不容易。农民们经常会发现，试图把几种优良性状集中起来的尝试往往以失败告终，而成功一般只会在漫长的等待和无数次的失败中偶然且随机地出现（见图1-6）。

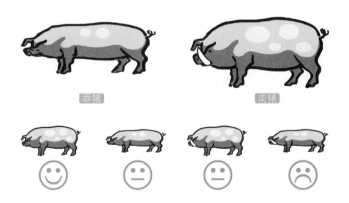

图 1-6 两种家猪杂交的假想结果

将分别携带两种优良性状的猪（"肉"和"乖"）杂交，后代的性状可能有数种完全不同的组合方式。

打个比方吧。假设农民手中现在有了两种还算差强人意的家猪：一种肥肉较多，但脾气暴躁，不易于集中饲养，我们叫它"肉猪"；一种脾气倒是不错，可惜骨瘦如柴，我们叫它"乖猪"。当然，又肉又乖的猪是最完美的啦。一个简单的思路就是，选一头公肉猪，一头母乖猪（当然也可以选公乖猪和母肉猪），让它们交配产崽儿。按照泛生子融合理论，后代岂不是应该同时具备来自父母的两种优良属性？然而现实往往是，生出来的小猪有很大概率不会是又肉又乖，反而连原本的"肉/乖"属性也会减弱。更可气的是，可能还会有一些小猪居然整合了两种较差的性状，变得又瘦又暴躁。往往需要反复多次的交配繁殖，农民们才能得到真正整合了两种优良性状的小猪；而往往他们还需要同样长的时间，才能找到把这两种生物性状稳定遗传下去的小猪，真正开始他们繁育"肉+乖"猪的伟大事业。

为什么有的性状能够稳定遗传，而有的出现了一次就消失不见了呢？为什么有的性状看起来黑白分明，有的就会出现各种复杂的数量变化？为了搞清楚遗传的秘密，1854 年，一位瘦削的中年神父在奥匈帝国边陲的圣托马斯修道院的后院种下了一批豌豆。他的名字叫格里高利·孟德尔（Gregor Johann Mendel）。

那个时候，我们故事的第一位主角达尔文早就结束了贝格尔号上的环球旅行（见图 1-7）。他从非洲、美洲和太平洋小岛上采集的无数珍奇标本早已让他作为博物学家享誉天下。而旅途中，达尔文曾在厄瓜多尔以西的加拉帕戈斯群岛短暂停留了一个月。在那里，达尔文看到了许多让他困惑不已的现象。一些体型不大、毛色暗淡的小鸟（这些鸟后来以"达尔文地雀"为名名垂史册）吸引了他的注意。这些地

雀分属十几个物种，嘴巴形态不一，有的更圆钝，有的较尖锐，而其他性状都非常接近，这暗示它们有着很近的亲缘关系。所以，达尔文自然而然地设想，这些鸟儿应该有着共同的祖先，在漫长的世代繁衍中逐渐出现了各种遗传变异，影响了鸟嘴的形状，进而进化出了不同的物种。这个现象对于笃信《圣经》教义的达尔文来说是个重大危机，因为按照《圣经》所言，地球上所有物种都是上帝在创造世界的几天里创造的，是一成不变的。《圣经》并没有给地球生物的任何细微变化留出空间，更不要说全新物种的出现了！可能也正是基于这样的观察和思考，让达尔文在结束旅行后的20年里离群索居，直到1859年出版了那本注定要震惊世界的《物种起源》。

图 1-7　达尔文随贝格尔号的旅行 (1831—1836)

达尔文把这次航程称为"第一次真正的训练或教育"。也正是在环球航行的5年间，达尔文通过观察生物物种的变化，形成了物种进化的观念。在这次旅行中，位于东南太平洋上的加拉帕戈斯群岛具有特别的意义，直到今天仍然是不少进化生物学家开展研究的圣地。

而作为我们故事的第二位主角，孟德尔神父的目标远没有达尔文那么宏大（见图1-8）。和我们刚刚提及的农牧民一样，他大概仅仅希望从自己的豌豆田里，看看能否发现遗传的秘密——就像我们刚刚说过的，生物的性状究竟是按照什么样的规律遗传下去的，为什么有时稳定，有时不见踪影，有时黑白分明，有时又呈现出黑白之间的各种灰色地带呢？

而这时候，我们马上可以看到孟德尔和达尔文的不同，可能也正是这种不同确保了前者的成功。

孟德尔并没有像达尔文那样，从古希腊哲学中借鉴来"泛生子"的概念，并试图拓展这个概念，用来解释遗传的所有秘密——我们已经知道，这样的做法固然可以自圆其说，但并不能为解释遗传现象提供任何新的线索。毕竟，谈论了上千年之久，达尔文仍然不知道这种肉眼不可见的"泛生子"到底是个什么东西，又有着怎样的特性。

图 1-8　达尔文（左）和孟德尔（右）

两位生活在同时代的巨人一生中从未谋面。虽然孟德尔肯定了解达尔文的进化论，但达尔文很可能并没有注意到孟德尔的研究。

HUMAN
GENE
EDITING
上帝的手术刀
基因编辑简史

孟德尔的做法几乎完全相反，他抛开了一切预设的学说和假定，单纯从豌豆杂交的现象出发，试图发现隐藏的遗传规律。

孟德尔神父首先选择了一些看起来泾渭分明、非常容易确认和定量统计的性状，例如豌豆种子的表皮是光滑的还是褶皱的，种子表皮是黄色还是绿色，豌豆花（见图 1-9）的颜色是白色还是紫色，等等。然后选出性状截然不同的一对"父亲"和"母亲"豌豆，把"父亲"花朵的花粉小心翼翼地收集起来，轻轻播撒在"母亲"花朵的雌蕊上，开始了他的杂交试验。

图 1-9　豌豆花

豌豆开着像蝴蝶翅膀一样的花朵。豌豆是一种典型的自花授粉植物，花瓣密闭，在自然状态下只有自身的雄蕊可以为雌蕊授粉。这可能也是孟德尔挑中豌豆的原因之一。这样一来他可以完全控制授粉过程，不需要担心随风飘散的花粉的干扰。

第一轮试验的结果就足够让人震惊了：在孟德尔挑选的全部七种性状方面——不管是种子表皮的颜色、花朵的颜色还是植物的高度，杂交后代都表现出了高度一致的性状来。比如说，黄豌豆和绿豌豆杂交的后代全部是黄豌豆（见图 1-10），紫花豌豆和白花豌豆的后代全部是紫花豌豆，高豌豆和矮豌豆的后代全部是高豌豆。换句话说，在杂交一次之后，来自"父亲"或者"母亲"一方的某种性状就彻底消失了，这似乎已经在挑战人们习以为常的融合遗传理念了：难道孩子不是会从父母那里分别继承一些性状才对吗？难道不是父母的泛生子水乳交融构成了孩子的一切吗？

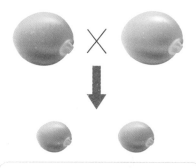

图 1-10　孟德尔的第一次杂交试验

黄豌豆和绿豌豆杂交的结果是，后代结出的是清一色的黄豌豆。

孟德尔的做法仍然是非常实用主义的。看到这样的结果，他想到的不是去修补看起来出了问题的遗传融合理论，而是做了一个非常技术性的处理：他把杂交后消失的性状称为"隐性"的，而把杂交后仍然顽强显现出来的性状称为"显性"的。

"你看，"孟德尔解释说，"性状只能有一个——种子不可能又黄又绿，而来自父母的遗传性状却有两个。那么我们看到的结果就说明，来自父母的遗传性状如果互相矛盾，则只有一个会胜出——就像黄色的种子、紫色的花朵，以及高高的茎秆，而另一个就会被'隐藏'起来。很简单，不是吗？"

嗯，确实挺简单。不过，你可能会马上反驳，和泛生子的概念一样，显性和隐性的概念也并没有提供任何新的信息，只不过是把孟德尔看到的现象换了个名词描述一下而已。他看到黄色种子的杂交后代，于是黄色种子就是显性的；他没有看到白色花朵的杂交后代，白色花朵就是隐性的，仅此而已。

但是如果你仔细想想，就会发现显性、隐性的概念不但能解释孟德尔已经看到的现象，而且还可以给出某些他尚未观察到的现象的预测。

比如，按照这套显 / 隐性的遗传逻辑，我们马上可以想象，在孟德尔收获的杂交豌豆中，必然同时存在来自父母双方的两套遗传物质，而这两套遗传物质并没有像红色和蓝色墨水一样均匀混合在一起变出非红非蓝的紫色，而是其中显性的一套"压制"了隐性的一套。那么问题就来了，如果我们栽培这样的杂交豌豆，等待它们再次开花，再让它们继续杂交一次，会看到什么现象呢？

简单起见，我们来考虑一下黄色和绿色豌豆杂交的产物。这些长着黄色种子的第一代杂交豌豆如果自己和自己交配会出现什么情况呢？第二代杂交豌豆又会是什么样子的？它们结出的种子会是黄色还是绿色呢？

孟德尔确实这么做了。第二年，他细心交配了 258 株结着黄色种子的第一代杂交豌豆，并在当年收获了超过 8 000 颗新一代（也就是第二代）的豌豆种子。果然如他的显 / 隐性假说所料，绿色豌豆又重新出现了！这个发现已经毋庸置疑地证明，绿色豌豆这一性状并没有在第一次杂交中被永久性地稀释和消失。即便在一律呈现黄色的第一代杂交豌豆中，绿色豌豆的遗传蓝图仍然顽强地存在着。

而且更有意思的是，在第二代杂交豌豆种子中，孟德尔发现了一个相当有趣的比例关系：6 022 颗为黄色，2 001 颗为绿色，比例为 3.01∶1（见图 1-11）。

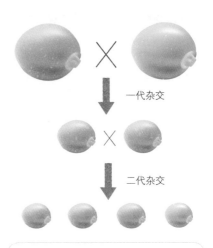

一代杂交

二代杂交

图 1-11　孟德尔的第二次杂交试验

黄豌豆和绿豌豆杂交产生的黄豌豆后代，继杂交一代之后，后代重新出现了绿色豌豆，黄∶绿比例非常接近 3∶1。

这个数字是如此接近3∶1的简单配比，已经很难用巧合来解释了。而且这个比例还出现在孟德尔所关注的全部七种豌豆性状中。不管是豌豆表皮的光滑或褶皱，豌豆花是紫色或白色，豌豆茎秆是高还是矮，每一次试验中，3∶1这个比例都在反复出现。

我相信读者们可能对中学课本里的孟德尔遗传定律仍旧记忆犹新，因此完全能够条件反射般地说出这个3∶1比例关系背后的原因。但是在这里，我倒是建议你们干脆忘记课本上的知识，我们一起来想一想，站在孟德尔神父的立场上，我们该如何试图去理解3∶1背后的规律，甚至进一步通过试验来证明它呢？

首先我们已经知道，绿色豌豆在第二次杂交中重新出现这个事实，已经证明了在豌豆交配和繁殖过程中，来自上一代豌豆的遗传信息并没有被稀释和丢失。记录着"绿色豌豆"的遗传信息仍然顽固存在于黄色的第一代杂交豌豆的种子里。而孟德尔对此提供的解释是他的显/隐性理论：黄色是显性，绿色是隐性，两者都存在的时候显性压制了隐性。

因此我们马上可以推出，第一代杂交出现黄色豌豆，必然是黄/绿遗传信息同时存在；而第二代中出现的占比1/4的绿色豌豆，肯定拥有绿/绿遗传信息，因为只有这种组合才会显现出"隐性"的绿色嘛。

好了，黄/绿豌豆和黄/绿豌豆杂交，会出现占比1/4的绿/绿豌豆，以及占比3/4的黄色豌豆。当然了，根据孟德尔的假说，我们目前还不知道这些黄色豌豆究竟是黄/黄还是黄/绿——两种情形下豌豆表皮都会是"显性"的黄色。

第一代杂交：黄/绿＝黄/绿

第二代杂交：黄/绿 × 黄/绿＝3黄/？：1绿/绿

或者我们可以借用孟德尔的方法，用大小写字母代替显性或隐性的遗传性状（见图1-12）：

第一代杂交：AA（黄色）× aa（绿色）＝Aa（黄色）

第二代杂交：Aa（黄色）× Aa（黄色）＝3A？（黄色）：1aa（绿色）

看到这里，3：1比例背后的逻辑已经昭然若揭。要在Aa杂交的后代中产生aa，唯一的可能性，是父母双方分别给出一个a类型的遗传信息，从而组合出aa来。可以想象，如果Aa父母能给出a类型的遗传信息，自然也可以给出同等数量的A类型遗传信息。因此，后代遗传信息的组合至少有三种：AA、Aa和aa。三者的比例关系很明显是1：2：1。考虑到显性A相对隐性a的"压制"，3：1的比例关系也就自然而然出现了！

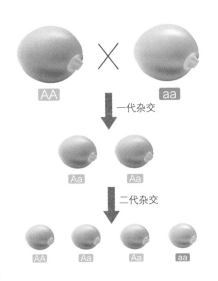

图 1-12　两次豌豆杂交试验的遗传学解释

如果我们用 A 代表黄豌豆性状，a 代表绿豌豆性状，那么孟德尔的杂交试验就可以被完美解释。

那么有没有办法直接验证这个推理呢？

有，而且并不复杂，把第二次杂交的豌豆继续做第三次杂交就可以了。如果上面的推理正确，我们马上可以推算出，所有的绿色豌豆（aa）杂交的产物必然全部是绿色豌豆（aa），而黄色豌豆杂交的结果就会较为复杂：接近 1/3 的黄色豌豆（AA）杂交将会产生清一色的黄色豌豆后代（AA），而剩下 2/3 黄色豌豆（Aa）杂交的后代中，将会再一次浮现 3∶1 这个简洁的比例关系。

事实上，孟德尔把这样的杂交试验一共进行了五六代。在长达 8 年的时间里，孟德尔神父照料着上万株豌豆，在豌豆开花的季节小心收集雄蕊的花粉，拨开紧闭的花瓣进行人工授粉，仔细清点收获的种子……每一次，豌豆后代的性状都完美符合这些简单的数字分配规律。

这就是孟德尔杂交试验所揭示的遗传秘密。这秘密并不仅仅关于豌豆，也不仅仅关系到种子表皮的颜色或者褶皱。上述推理的最大价值，在于说明遗传信息在一代代的传递过程中不存在像液体一样的融合和稀释，而是以某种坚硬的"颗粒"形态存在。每一次生物交配，都意味着遗传信息"颗粒"的重新分离和组合。遗传信息的组合方式可以五花八门，但遗传信息本身却始终顽强存在着，并且随时准备在允许的场合影响生物体的性状。

一个历史的遗憾是，尽管达尔文进化论和孟德尔颗粒遗传理论几乎出现在同一时代——达尔文的《物种起源》和孟德尔的《植物杂交实验》发表相距仅有短短 6 年，但事实上直到 70 多年后的 20 世纪 30 年代两者才真正被联系在一起。然而我们完全不需要替他们两位感到遗憾。站在科学的高度上，颗粒遗传理论使得詹金的责难不复存在，不管是多么微小的遗传变异，都仍然可以以这种颗粒的形式顽强地存在下去，不被稀释。从某种意义上说，孟德尔为达尔文的学说提供了坚实的物质基础，而达尔文则为孟德尔的发现找到了壮丽的用武之地。两位生活在同时代却缘悭一面的科学巨人，如果在天堂相见，一定会对此无比欣慰。

围猎遗传因子

孟德尔的豌豆杂交试验有一个直白的推论，那就是在父母亲的体内存在许多颗粒状的、携带着父母遗传信息的物质——例如"黄豌豆"遗传物质和"绿豌豆"遗传物质——这些物质会在交配过程中同时进入后代的体内。而在此之后，在这些后代每一次繁衍的时候，都会重复一次分离再组合的过程，孟德尔把这些物质简单称为"遗传因子"。到了 20 世纪初，孟德尔的遗传因子又被重新命名为"基因"（gene）。gene 这个单词明显是从泛生子的英文 pangene 简化而来的，反倒是"基因"这个来自中国第一代遗传学家谈家桢先生的中文翻译颇具神韵。基因基因，不就是携带着遗传信息的最"基"本单元的"因"子嘛。

有些读者可能会马上想到，基因分离和组合的过程有点类似于化学反应的过程。比如说，将氢气和氧气混合后点燃，在爆炸声中就产生了水。在此过程中四个氢原子和两个氧原子反应生成两个水分子，化学反应式可以写成下面的样子（见图 1-13）。

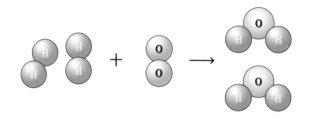

图 1-13　氢气和氧气反应生成水的示意图

在此过程中，氢原子和氧原子发生了连接方式的变化，但是其数目并没有变。

在此过程中，不论是氢原子还是氧原子本身都没有发生什么变化，反应前我们有四个氢原子、两个氧原子，反应之后仍然有同样多的氢原子和氧原子。发生变化的只是这些原子之间连接的方式。

同样，按照颗粒遗传理论，不管在哪一代豌豆体内，也不管豌豆表皮是黄是绿，"黄豌豆"遗传因子和"绿豌豆"遗传因子也都始终如一，发生变化的是它们组合的方式。

就像原子论极大地推动了化学的发展一样，至少在科学意义上，颗粒状的基因要比像液体一样混合的泛生子方便处理得多。从我们对豌豆杂交结果的讨论就能看出来，颗粒状的基因能简单用各种字母代替，而我们甚至难以想象能自由融合的泛生子到底是一种什么东西。

随之而来的问题是，这种颗粒状的基因到底是什么呢？它们当然非常微小——否则也不可能隐藏在豌豆花粉之中随风飘散。既然每一代生物体内都有它的存在，我们是不是可以用某种方法把它提取出来，

HUMAN GENE EDITING

上帝的手术刀
基因编辑简史

就像我们从成吨的金矿石中通过破碎、研磨以及化学反应提取出区区几克黄金一样？

进入 20 世纪，特别是在孟德尔的颗粒遗传理论被重新发现，正式进入人类的主流科学认知之后，一代代最聪明的头脑投入到猎取基因颗粒的工作中。

当然了，与淘金相比，猎取基因颗粒要困难得多。我们至少早早就见到了天然存在的纯金的样子，也知道它具备的许多物理化学性质：它的密度很大，超过了大部分矿石；它很难和酸碱发生化学反应；它能溶解在由三份盐酸和一份硝酸配比成的王水里；等等。利用这些信息，我们可以设计出提取纯金的程序，也可以设计出检验最终黄金成色的方法。而基因呢？基因长什么样我们可是一无所知啊。

在孟德尔的试验里我们已经知道了基因的一个至关重要的属性，比如"黄豌豆"基因能够让豌豆表皮呈现黄色。那么我们是不是可以这么做——找一堆黄豌豆，切碎磨细，用各种化学方法将其分离成各种各样的物质，然后把每种提取出来的物质再通过某种方法放到一颗绿豌豆里面去。如果这颗绿豌豆从此就能结出黄色的种子，我们是不是就可以反推这种物质就是传说中的"黄豌豆"基因？

这么说下来你们可能会觉得很可笑，这方法听起来一点也不高明，而且也没什么"科学"的影子。基因这么高大上的科学概念，难道不是该有一套更先进、更现代的研究方法吗？传说中的显微镜、离心机、培养皿这些电视上常见的生物研究设备呢？不过仔细想想你就会明白，这几乎是唯一能够帮助我们猎取基因的办法了！因为关于这种被叫作基因的东西，我们唯一知道的就是它存在于生物体内，能够产生某种特别的性状（例如"黄豌豆"基因能够让豌豆长出黄色的表皮）。我们当然必须靠这一点来寻找和理解它。

猎取基因的第一个重大突破发生于 20 世纪 20 年代的英国。为英国政府工作的病理学家弗雷德·格里菲斯（Fred Griffith）试图发明出疫苗来对抗当时肆虐全欧的细菌性肺炎。当时人们已经知道，想要获得对某种传染病的免疫力，一个办法是让人先接触某种较弱的传染源。英国医生爱德华·琴纳（Edward Jenner）正是让孩子们先感染对人危害较小的牛痘病毒，从而让他们获得对致死性的人类天花病毒的免疫力。格里菲斯当然也想重复琴纳的成就。因此，他也试图寻找毒性较弱的肺炎链球菌，人工催生人体对肺炎的免疫力。

格里菲斯手里有两种从病人那里收集来的肺炎链球菌（见图 1-14），一种外表光滑，一种表面粗糙（是不是又让你想到了孟德尔手里表皮光滑或褶皱的豌豆）。前者能够引起肺炎，对实验老鼠来说是致命的，但后者并没有什么毒性。当然我们现在知道，表面光滑的细菌外层包裹着一层多糖外壳。实际上，并不是细菌本身，而是这层多糖外壳引发的剧烈免疫反应杀死了病人和实验动物。

所以自然而然，格里菲斯产生了两个想法：给老鼠注射表面粗糙的细菌，或者注射已经杀死的表面光滑的细菌，这两种"较弱"的刺激是不是能够催生老鼠对抗致命性肺炎的免疫力？

结果让格里菲斯很失望（见图 1-15），实验老鼠看起来很健康，这说明这两种刺激确实"较弱"，老鼠也并没有获得什么免疫力。

HUMAN
GENE
EDITING

上帝的手术刀
基因编辑简史

026

于是他再接再厉，干脆把两种较弱的刺激混合在一起注射给老鼠。也许这样能好一点？与其说格里菲斯的想法是顺理成章，不如说是破罐破摔。

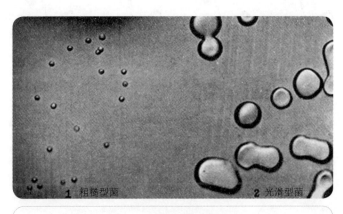

图 1-14　两种肺炎链球菌

粗糙型（左）和光滑型（右）肺炎链球菌的显微镜照片。

可是混合注射的结果大大出乎了格里菲斯的意料——老鼠居然很快就死掉了，就像它们真的患了肺炎一样！可这肺炎是从何而来的呢？能够致病的光滑型细菌已经彻底煮熟死掉了，活着的粗糙型细菌又明明没有任何致病性。而且更要命的是，格里菲斯从死亡的老鼠体内，居然发现了活着的光滑型细菌！煮熟的光滑型细菌"菌死不能复生"，那这些活着的光滑型细菌又是从何而来的呢？

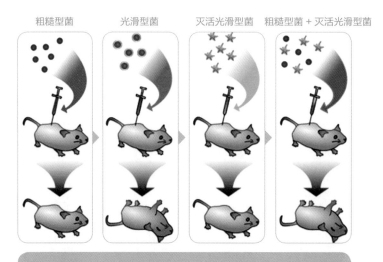

粗糙型菌　　　　光滑型菌　　　灭活光滑型菌　粗糙型菌 + 灭活光滑型菌

图 1-15　格里菲斯的肺炎链球菌转化试验

简单来说，给老鼠注射不能致病的粗糙型细菌（蓝，左一），老鼠安然无恙。注射能致病的光滑型细菌（红，左二），老鼠会死亡。致病性光滑型细菌如果经过热处理（浅红，左三），也就失去了致死性。最有意思的是，活着的粗糙型细菌在与热灭活的光滑型细菌混合后（左四）重新产生了致死能力，这说明活着的粗糙型细菌从死亡的光滑型细菌那里获取了后者的遗传物质，被"转化"成了后者。

　　看到这里大家大概已经明白了，格里菲斯无意间做的这个混合注射试验，不就是我们刚刚假想过的寻找"黄豌豆"基因试验的翻版吗？已经死掉的光滑型细菌和活着的粗糙型细菌放在一起，能让后者干脆"变成"光滑型细菌，并且杀死可怜的小老鼠。这不就正好说明，细菌表面是光滑还是粗糙，就和豌豆表皮是黄还是绿一样，是由某种基因决定的吗？而且，既然死掉的光滑型细菌能让活着的粗糙型细菌华丽变身（格里菲斯把这种现象叫作"转化"），岂不是说明光滑型细菌基因能够轻松进入粗糙型细菌，并且改变它的遗传性状？更进一步说，如果能够利用这个简单的实验系统，从光滑型细菌里提取出能让粗糙型细菌变身的物质，我们不就能看到基因的真面目吗？

也正是因为这个原因，猎取基因的进展在格里菲斯的偶然发现之后骤然加速了。至少，在这个系统里，科学家需要处理的仅仅是微小的细菌，而不是豌豆这种一年才开一次花的庞然大物。在大洋彼岸的美国纽约洛克菲勒医学研究所，几位科学家的接力赛跑在十几年后终于为我们揭示了基因的真面目。而他们的做法其实就和我们刚刚假想的"黄豌豆"基因分离实验差不多。

在那个时代，人们已经对组成生命的几大类物质——蛋白质、脂肪、碳水化合物及核酸（特别是 DNA 和 RNA）——有所了解了。洛克菲勒医学研究所的奥斯瓦德·西奥多·埃弗里（Osward Theodore Avery Jr.）在将光滑型肺炎链球菌煮沸之后，从中提取了可溶于水的物质（这样就首先去除了不溶于水的脂肪），再利用三氯甲烷将蛋白质去除，之后又利用乙醇沉淀出了某种纤维状的透明物质（见图 1-16）。他证明，这种纤维状物质能够将粗糙型的肺炎链球菌成功转化为光滑型。也就是说，光滑型细菌的基因就是这种纤维！

埃弗里有足够的信心认定这种纤维分子就是已知的化学分子 DNA。他首先证明，这种纤维状分子的化学组成和人们熟知的 DNA 别无二致，都含有一定比例的碳原子、氢原子、氮原子和磷原子。更重要的是，他发现一种能特异性消化 DNA 分子的酶能够破坏掉纤维的转化能力，而如果用能消化蛋白质或者 RNA 分子的酶来处理，则不会对这种转化能力产生任何影响。

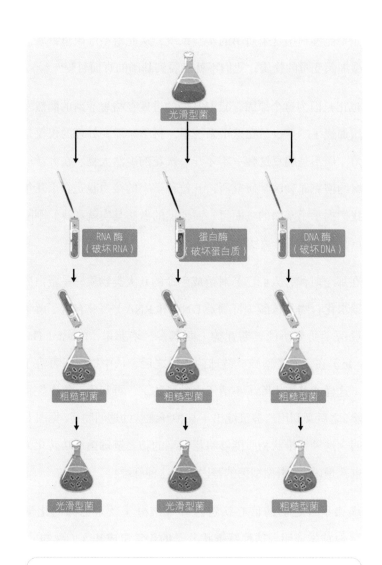

光滑型菌

RNA 酶
（破坏 RNA）

蛋白酶
（破坏蛋白质）

DNA 酶
（破坏 DNA）

粗糙型菌

粗糙型菌

粗糙型菌

光滑型菌

光滑型菌

粗糙型菌

图 1-16　埃弗里实验

简单来说，埃弗里发现，如果用能够降解 RNA 分子的 RNA 酶或者能够降解蛋白质分子的蛋白酶处理光滑型肺炎链球菌，就不会影响其将粗糙型细菌转化成光滑型细菌的能力。但是如果消化掉 DNA 分子则会破坏这种转化能力。因此，具备转化能力的遗传物质就是 DNA。

因此，在孟德尔提出颗粒遗传理论近百年后，我们终于开始对遗传因子颗粒的物质属性有了了解。解释遗传真相，我们再也不需要泛生子这样的抽象理论了。遗传信息的载体是一种叫作 DNA 的化学物质！它携带着来自父亲和母亲的遗传信息进入后代的机体中，作为生命蓝图决定了后代丰富多彩的性状（从豌豆表皮的颜色到肺炎链球菌的外壳）。

当然，我们这么说有点事后诸葛亮的乐观主义。实际上，在 20 世纪 40 年代，尽管埃弗里的实验很快得到了同行的重复验证，但大家对于 DNA 就是遗传物质这件事还是有点将信将疑。

甚至对于埃弗里实验最低程度的接受——DNA 至少在遗传过程中起着很重要的作用——都不是很普遍。同行们质疑的原因倒是也很直白：埃弗里实验有一个逻辑上无法克服的缺陷，他是依靠化学提取从光滑型细菌中得到纤维状 DNA 分子的。尽管从技术上说，他可以尽量优化提取过程，保证提取出来的 DNA 纯而又纯，不包含任何杂质（埃弗里和同事也证明了这一点），但是从逻辑上说，反对者总是可以质疑也许埃弗里提取出的 DNA 携带了极其微量的、现有技术无法检测出来的蛋白质。因此，质疑者总是可以说，是这些蛋白质"杂质"传递了遗传信息。DNA 只不过是碰巧在那里出现，却因为数量巨大、长相又抓人眼球，才窃取了遗传因子的美名。

想要严格排除微量蛋白质杂质的干扰，光靠实验技术的改进是不可能的——不管埃弗里将蛋白质去除得多么干净，反对者都可以用同一个逻辑来反问："你怎么知道里面不存在现有技术检测不出来的微量蛋白质？"想要真正彻底排除蛋白质的干扰，我们需要换一个方法来思考问题。

当然，必须得说埃弗里实验已经让一部分人先明白起来了。他们突然意识到，DNA 分子是遗传物质这件事，虽然听起来像是天方夜谭，但似乎并不是没有蛛丝马迹可循。早在此前 40 年，人们就已经知道生物体的细胞中隐藏着一种能被碱性染料染成深色的丝状物质——也就是我们今天熟悉的染色体。在动物产生生殖细胞的时候，这些细丝会小心翼翼地平均分配到两个后代细胞中去（见图 1-17）。而当两个生殖细胞——精子和卵子——融合，开始发育时，两个生殖细胞中的这种丝状物质又会很有默契地配对到一起。

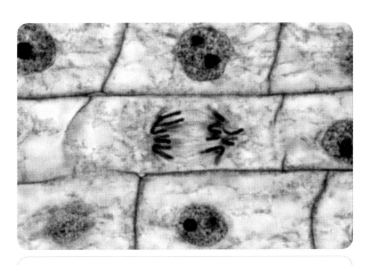

图 1-17 细胞分裂的过程

在一次细胞分裂的过程中，深色的染色体分散到细胞的两端，细胞从中断裂，一分为二，染色体也随之进入到两个后代细胞当中。染色体的移动规律和孟德尔杂交试验中遗传因子的行为看起来很相似。

HUMAN
GENE
EDITING

上帝的手术刀
基因编辑简史

032

这个过程听起来是不是和孟德尔对遗传因子的猜测有点像？染色体的分离对应着父母遗传信息的分离，而精子和卵子内的染色体的重新配对又对应着后代体内遗传信息的重新组合。因此，当时就有人猜测，基因其实就定位在染色体上。而继孟德尔之后最伟大的遗传学家，托马斯·亨特·摩尔根（Thomas Hunt Morgan）进一步发展了这个猜测，他利用果蝇证明了基因——比如决定果蝇的眼睛颜色是红还是白的"白色"基因，就定位在果蝇性染色体的某个特定位置上。

而关于染色体的化学组成人们是很清楚的——就是 DNA 和蛋白质！

DNA 这种物质连续两次出现已经不太像是巧合了。难道说，埃弗里实验的结论是正确的，DNA 真的就是遗传物质？

距此约 10 年后的 1952 年，两位美国科学家，艾尔弗雷德·赫尔希（Alfred Hershey）和他的助手玛莎·蔡斯（Martha Chase）用完全不同的思路重新证明了 DNA 就是遗传物质（见图 1-18）。为了避免蛋白质的干扰，他们走了一条和埃弗里完全不同的路，非常巧妙地利用了基因的另一个特性——世代间的传递。

我们已经知道，遗传因子的一大特性是能够影响后代的各种性状，比如豌豆表皮是黄色还是绿色，以及肺炎链球菌表面是光滑还是粗糙。埃弗里正是利用了这一点，首先证明了 DNA 就是这种遗传因子。我们稍微思考一下就会发现，遗传因子的这个特性需要一个前提条件，就是它必须能够有效地从父母那里传递给子女，再由子女传递给孙辈，世世代代传递下去。它就像一张蓝图，一个标签，一个设计师，决定了后代豌豆和后代肺炎链球菌的性状。反过来说，如果一种物质压根不能在世代之间传递，那它当然就不可能是遗传因子。赫尔希和蔡斯就是利用这一点，证明了是DNA而非蛋白质才能够在世代之间传递，因此，我们也就根本没有必要担心埃弗里实验中大家假想出来的所谓蛋白质杂质的污染了。

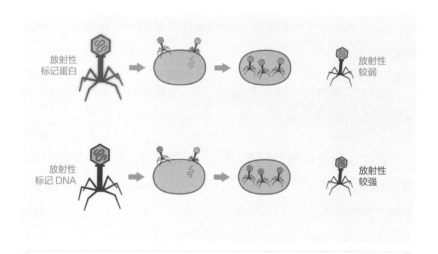

图 1-18　赫尔希 - 蔡斯实验

这个设计精巧的实验旨在追踪到底是蛋白质还是 DNA 进入了病毒后代体内。为此，赫尔希和蔡斯用放射性同位素分别标记了病毒的蛋白质外壳（上，红色外壳）或内部的 DNA 分子（下，红色曲线），再用这些病毒感染细菌，繁殖后代。随后，他们在后代病毒体内检测放射性信号的强弱，最终发现当标记蛋白质外壳时后代放射性信号较弱（上），而标记 DNA 分子时放射性较强（下）。

他们的实验用到了一种比细菌还要微小的生物——噬菌体，这是一种依靠入侵细菌为生的病毒颗粒。人们当时已经知道，DNA 的化学组成中含有磷元素而没有硫元素，蛋白质则恰好相反。因此赫尔希和蔡斯利用了这点微小的差别，用两种不同的放射性同位素——磷-32 和硫-35——分别标记了噬菌体的 DNA 和蛋白质。当这种病毒入侵细菌，疯狂复制繁衍时，遗传因子就会进入它们后代的体内。可以想象，如果病毒后代带有磷-32 的放射信号，那么 DNA 就更像遗传物质；反过来，如果病毒颗粒带有硫-35 的放射信号，那么蛋白质才更有资格做遗传物质的候选。赫尔希和蔡斯的实验结果表明，病毒后代体内磷-32 的放射性要显著地超过硫-35。换句话说，相比众望所归的蛋白质，DNA 才更像那个能够在病毒世代之间传递遗传信息的分子。DNA 就是遗传物质，我们苦苦寻觅的基因，一定是以 DNA 分子形式存在的！

双螺旋

豌豆杂交提示了遗传因子颗粒，肺炎链球菌和噬菌体的研究证明了 DNA 就是遗传物质。遗传的秘密是不是就此大白于天下了呢？

并没有。不仅如此，甚至可以讽刺地说，DNA 是遗传物质这件事，反而使得遗传的秘密更令人困惑不解了。因为对于遗传性状在世代之间传递这件事来说，最终极的问题不是遗传因子是什么物质——当然找到这种物质，理论上应该能帮我们解决最终的问题——而是遗传因子是怎样记录遗传性状的信息的，比如豌豆表皮应该是黄色的，或者肺炎链球菌的表面必须是光滑的。

打个比方大家会更容易理解这个问题。假设我们手里有一份报纸，是用一种我们不懂的外国语言出版的。我们想知道这份报纸的头条社论在说些什么，光靠分析报纸的大小、密度、纸张的化学元素构成、油墨的配方和印刷方法，是不会有什么决定性作用的。我们真正需要的是解读这种陌生语言的词典，只有它能够帮助我们理解文章里每个单词、每句话的含义。

确定了 DNA 就是遗传物质，就像我们手上终于拿到了这份报纸。但是对"黄色豌豆""光滑型细菌"这样的信息是如何写在 DNA 上的，我们仍然一无所知。更要命的是，在当时人们的视野里，DNA 可能是最不适合用来做信息载体的物质了！

为什么呢？当时人们已经知道，DNA 分子由四种较为简单的脱氧核糖核苷酸分子组成（见图 1-19）。这四种分子上分别带有一个名为碱基的标签，因此，人们很多时候干脆就用这四种标签的名字来指代它们（见图 1-20）：分别是腺嘌呤（Adenine, A）、胸腺嘧啶（Thymine, T）、鸟嘌呤（Guanine, G）和胞嘧啶（Cytosine, C）。纯净的 DNA 分子之所以会呈现细长的纤维形态，正是因为这四种核苷酸分子首尾相连形成了超长链条，就像一个个金属圈嵌套形成的铁链。当时甚至有一种（尽管未经证实）观点认为，就连四种金属圈嵌套的先后顺序都是完全一样的，这样的一根铁链不管延伸多长、套多少个金属圈，能携带的信息量都少得可怜，更别说记录像豌豆表皮颜色和细菌表面形态这么具体的信息了。

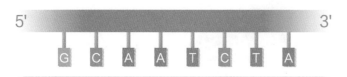

图 1-19　DNA 长链示意图

一小段由四种核苷酸单体分子（以 A、T、C、G 为代表）首尾相连串起来的 DNA 分子。

在这里顺便插句话，为什么埃弗里的 DNA 提纯实验自 1944 年发表之后，很长时间里都没有被同行接受？我们说过，同行们质疑的首要原因是技术性的：埃弗里没有能力保证 DNA 样品绝对没有受蛋白质杂质的污染，也许就是那一点点蛋白质才是遗传信息的载体呢！但是在内心深处，大家很可能在感情上和逻辑上压根就难以接受 DNA 是遗传物质这个声明，因为这样会马上把遗传学家置于非常尴尬的境地——他们实在是无法想象如此单调的 DNA 长链，怎么可能是用来记载和传递复杂的遗传信息的。

不过，1952 年赫尔希和蔡斯的噬菌体实验逼得遗传学家们不得不正视房子里的大象了。好了，DNA 就是遗传物质，被大象逼到墙角的遗传学家们需要马上想出办法，解释遗传信息是怎么写在这根无聊的 DNA 长链里的。

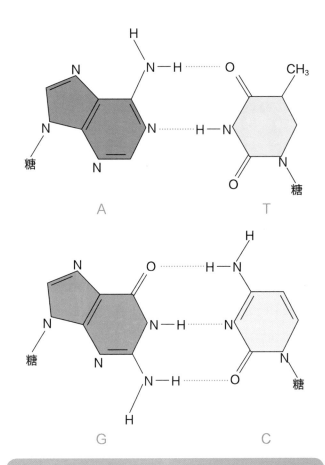

A　T

G　C

图 1-20　组成 DNA 的四种碱基分子

DNA 的一个很重要的特性是，这四种分子之间可以通过氢原子间的相互作用配对，A 和 T 配对，C 和 G 配对。这个特性我们还会反复提到。

HUMAN
GENE
EDITING

上帝的手术刀
基因编辑简史

038

伟大的夏洛克·福尔摩斯曾说过，当你已经排除了其他所有的可能性，不管看起来有多么不可能，剩下的那个就必须是真相（语出柯南·道尔的《斑点带子案》）。仅仅一年以后，1953 年，DNA 双螺旋模型横空出世。遗传信息的记录和传递方式从此大白于天下。四位科学家，詹姆斯·沃森（James D. Watson）①、弗朗西斯·克里克（Francis Crick）、莫里斯·威尔金斯（Maurice Wilkins）和罗莎琳德·富兰克林（Rosalind Franklin）也因此名扬四海（见图 1-21）。

弗朗西斯·克里克（左）和詹姆斯·沃森（右）

莫里斯·威尔金斯

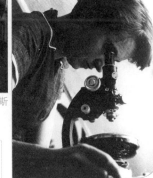

罗莎琳德·富兰克林

图 1-21　发现 DNA 双螺旋结构四人组
其中，富兰克林病逝于 1958 年，其余三人在 1962 年共享了诺贝尔生理学或医学奖。

今天，作为象征人类最高智慧的代表作品，大大小小的 DNA 双螺旋模型矗立在地球上的各个学校、科技馆和公园。读者们应该也或多或少了解一些那段激动人心的科学历史。但是不知道大家有没有想

① 20 世纪分子生物学的带头人之一，被称为"DNA 之父"，1962 年诺贝尔生理学或医学奖获得者。其著作《双螺旋》（插图注释本）中文简体字版已由湛庐文化策划，浙江人民出版社出版。——编者注

过，为什么 DNA 双螺旋会被认为是现代生物学的开端？故事看到现在我们已经明白，在 1953 年时，通过埃弗里实验和赫尔希 - 蔡斯实验，我们已经确信 DNA 就是遗传物质。那么它究竟是一条长链还是两条，是优美的螺旋形还是一团乱麻，有那么重要吗？

有，还真就是这么重要（请原谅我的故弄玄虚）。围绕 DNA 双螺旋的发现，生物学历史上的英雄人物们悉数登场。在继相对论和量子力学刷新了人类的时空观和物质观之后，璀璨群星再一次照亮了人类世界最隐秘的角落。

在故事的一开始，被大象逼到墙角的生物学家们不得不首先抛弃原来那个很有说服力、但从未得到证实的理论。他们不得不先假定，构成 DNA 链条的四种碱基分子可能并不是以一种固定不变的排列顺序串联起来的。因为只有这样，DNA 长链上才可能出现五花八门的碱基排列顺序，而这些序列本身是可以携带遗传信息的。

这一点不难理解。比如，如果构成 DNA 的四种碱基分子，每一种都能决定一种遗传性状，比如 A 代表"黄豌豆"，T 代表"褶皱豌豆"，C 代表"紫色豌豆花"，G 代表"高茎豌豆"，那么它们携带的信息无疑是特别有限的——就连孟德尔曾经研究过的区区七种性状都代表不完。但如果两个碱基组合可以用来编码一种信息，那信息量一下子就从 4 种增加到了 4^2 种（AA、AT、AG、AC、CA、CT、CG、CC、TA、TT、TG、TC、GA、GT、GG、GC）。那么三个碱基的组合呢（那就是 4^3 种）？四个碱基的组合呢（那就是 4^4 种）？一万个碱基的组合呢（那就是 $4^{10\,000}$ 种）？不管实际情况如何，这么想来，DNA 携带和传递遗传信息的能力至少在理论上是没有问题了。

那么实际情况如何呢？DNA 双螺旋又能如何帮助我们理解遗传呢？晶体学家威尔金斯和富兰克林获得了 DNA 晶体的 X 射线衍射图谱（见图 1-22）。根据这种射线穿透 DNA 晶体后在胶片上留下的黑色印记，沃森和克里克用硬纸板和铁丝手工制作搭建出了相互缠绕的 DNA 双螺旋模型（见图 1-23）。更重要的是，他们敏锐地借鉴了生物化学家埃尔文·查加夫（Erwin Chargaff）的发现，意识到两条缠绕在一起的 DNA 长链应该遵循着非常朴素的配对规则。一条链上的 A 碱基总是需要和另一条链上的 T 碱基配对，而 C 碱基则一定要和 G 碱基配对，它们就像中式衬衫的纽扣结一样结合在一起，构成了稳定的双螺旋结构。而这一点也就意味着，从任意一条 DNA 长链的碱基序列出发（如 A-T-C-C-G-C），可以完美预测出双螺旋中另一条 DNA 长链的碱基序列（G-C-G-G-A-T，两条链是以相反的顺序配对的）——两条链所携带的信息是完全等同的。

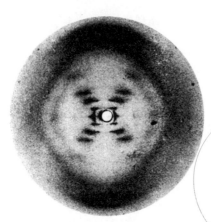

图 1-22 DNA 双螺旋的 X 射线衍射图

这张照片由英年早逝的女科学家罗莎琳德·富兰克林拍摄。

图 1-23 沃森（左）和克里克（右）

他们在讨论他们用硬纸板和铁丝搭起来的 DNA 双螺旋模型。

既然如此，遗传信息的代际传递至少从逻辑上就变得非常简单了。当一个小小的肺炎链球菌需要一分为二，产生两个体型较小的后代时，它的 DNA 双螺旋只需要从中分开，公平地为两个后代各自分配一条单链就可以了。当然了，后代的这条单链 DNA 总还是要变成双螺旋形状，才好继续下一次分裂和繁衍后代的过程（见图 1-24）。这个过程并不难理解，只需要想象有一个微小的分子机器，能够根据这条单链的碱基序列（如 A-T-C-C-G-C）和朴素的配对规则（A 和 T，C 和 G）工作，新的 G-C-G-G-A-T 链就能形成，DNA 双螺旋也就可以重新产生了。这个过程不涉及任何新信息的输入，图纸已经就绪，搬砖砌瓦的工作虽然烦琐，但还在生物学家可以理解的范围内。

几乎是在一瞬间，人们就已经相信这就是遗传信息的传递法则。这套模型简直太简洁、太优美了！

HUMAN GENE EDITING

上帝的手术刀

基因编辑简史

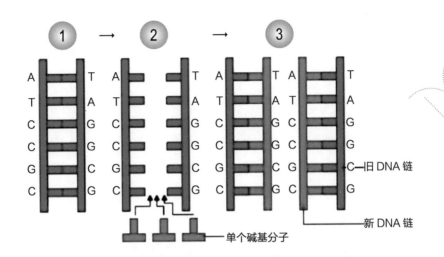

图 1-24　DNA 半保留复制模型

简单来说，在 DNA 复制时，原有的 DNA 双螺旋会一分为二（①红色），分别按照碱基配对原则，为两条单链匹配上新的碱基分子（②蓝色），最终形成两条独立的 DNA 双螺旋，每一条都是新旧参半（③红蓝混合）。

有位科学家是这样评价科学发现和科学家同行的：看到一个科学发现，科学家们的反应一般只有两种，一种是"这有什么了不起"，另一种则是"我为什么没想到"。DNA 双螺旋在科学界引发的反应毫无疑问是后者。作为公认的 DNA 双螺旋模型的创立者，詹姆斯·沃森和弗朗西斯·克里克在 1953 年发表的论文其实非常简短，简短到没有任何实际的实验数据，仅仅展示了一个他们猜测的 DNA 呈双螺旋缠绕的模型。DNA 双螺旋的意义是如此简洁和清晰，在看到这篇论文的时候，世界上一定有数不清的聪明脑袋在懊悔地大喊："我为什么没想到！"很快，这个优美的模型也获得了实实在在的证据支撑。

证据来自 1958 年，距沃森和克里克发表他们的双螺旋模型之后仅仅五年。马修·梅塞尔森（Matthew Meselson）和富兰克林·斯塔尔（Franklin Stahl）证明了双螺旋模型所揭示的 DNA 复制过程。在很多人眼里，梅塞尔森 - 斯塔尔实验可能是整个生物学历史上最漂亮的实验了。因此，在我们的故事里，它也理应获得一席之地。

让我们回头再审视一下双螺旋模型，看看它所提示的 DNA 自我复制和遗传信息传递的过程。两条相互缠绕的 DNA 长链首先解离螺旋，鉴于两者都忠实遵循着 A-T 和 G-C 的碱基配对规则，所以，它们所携带的信息是完全等同的。这样一来，只要存在某种分子机器，能够为分解开的两条单链再次匹配相应的碱基，就能够实现从一个 DNA 双螺旋到完全相同的两个 DNA 双螺旋的复制变化。在这种变化中，原本的两条 DNA 链被平均分配到两个后代中，两条新生的 DNA 链随之加入它们。因此，在后代的 DNA 双螺旋中，一半 DNA 保留自上一代，另一半则产生于子代自身。沃森把这种过程形象地称为"半保留"复制。

可是我们怎么证明这一点呢？ DNA 为什么必须要采用这种半新半旧的复制方式？我们同样也可以想象一种分子机器，能够根据 DNA 双螺旋的碱基顺序，直接制造出一个新的、完全一样的双螺旋来。甚至，为什么 DNA 一定要整条长链同时参与复制？难道不能首先把它断成一截一截再进行复制，之后再拼装起来吗？

你们可能已经看出来了，区分这三种可能性的核心在于，子代的 DNA 里面有多少成分是来自上一代。半保留模型预测，子代的 DNA 恰好有一半来自上一代，不多不少；全复制模型则预测子代的 DNA 全部是新生的，没有一点上一代的痕迹（尽管它们携带的信息是完全一致的）；而在"碎片化复制"模型里，子代和上一代的 DNA 由于频繁的断裂和拼接已经水乳交融，根本区分不开了。那么，想要通过实验验证 DNA 复制和遗传信息传递的法则，核心当然就是如何才能知道 DNA 分子是来自上一代还是由子代新生的呢？

借鉴了赫尔希 - 蔡斯实验的巧妙设计，梅塞尔森和斯塔尔也同样想到了用同位素标记 DNA 的方法，只不过他们这次利用的不是放射性，而是同位素原子之间的重量差异。他们首先把细菌在含有氮 -15 同位素的培养基上持续培养。我们已经知道，DNA 分子中含有氮原子，因此，在经过许多代培养后，我们有理由相信细菌 DNA 分子的全部氮原子都已经被替换成了较为不常见的氮 -15。在此之后，他们再把细菌转移到含有在自然界中常见的氮 -14 同位素的培养基上。从这个时间点开始，DNA 复制将只能使用氮 -14 同位素。换句话说，任何新生的 DNA 分子和原本存在的 DNA 分子因为利用了不同的氮同位素，将会在密度上带有细微的差别。这些细微的差别就可以告诉我们，细菌子代的 DNA 到底从何而来。

在不同的时间点上，梅塞尔森和斯塔尔从一部分细菌中提取 DNA 分子，然后利用超高速离心的方法判断它们的密度。他们收获的第一代细菌 DNA 分子的密度，已经偏离了上一代 DNA 分子的密度，而且其密度恰好介于纯的氮 -15DNA 和氮 -14DNA 之间。随着分裂次数的增加，细菌 DNA 分子的密度继续降低，越来越多地出现了氮 -14DNA 的密度区间。对这个结果唯一的解释就是半保留复制模型——每一次的分裂繁衍中，子代细菌获得的都是由一条上一代 DNA 和一条新生 DNA 缠绕而成的双螺旋链（见图 1-25）！

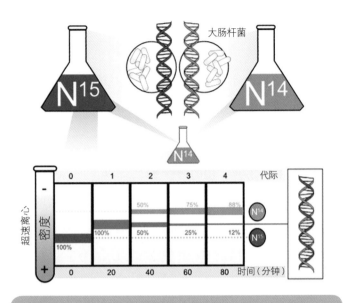

图 1-25　梅塞尔森 - 斯塔尔实验

简单来说，饲养在氮 -15 条件下的大肠杆菌 DNA 较"重"，饲养在氮 -14 条件下则较"轻"，这点微弱的重量差别可以在高速离心中体现出来。而当饲养在氮 -15 条件下的细菌转移到氮 -14 条件下后，细菌第一次分裂繁殖产生的后代中，DNA 的重量恰好介于两者之间，这说明这条新生 DNA 双螺旋是新旧参半的。

　　就这样，在百年间，孟德尔实验、埃弗里实验、赫尔希 - 蔡斯实验、DNA 双螺旋以及梅塞尔森 - 斯塔尔实验，分别从几个方向上共同完成了对遗传因子的解密过程。最终在猎人的捕兽网中剩下的，就是长得像一条长纤维的 DNA 双螺旋分子。DNA 长链上紧密排列的碱基，用某种晦涩难懂的语言记录着生命的蓝图。在每一次生命的繁衍过程中，两条 DNA 长链都会解离螺旋构型各自为营，遗传信息就是这样代代相传、永不湮灭的。

　　从此，花朵像蝴蝶翅膀一样漂亮的豌豆、危险致命的肺炎链球菌、需要动用最强大的电子显微镜才得以一窥真容的噬菌体、每过 20 分钟

HUMAN
GENE
EDITING

上帝的手术刀
基因编辑简史

046

就能一分为二繁衍生息的大肠杆菌，把它们的形象留在了一代代学生的生物学课本上。经过科学家上百年的孜孜求索，地球生物世代遗传的奥秘，从一类模糊的日常观察、一段神秘的哲学理论，变成了一种具体的化学物质、一个精妙的生物繁衍过程。这种物质从化学组成上说可谓是平淡无奇——氢、氧、碳、氮、磷，都是这个星球上最常见的化学元素，但在亿万年流淌的地球生命河道里，DNA 就是源源不断的水流。它就像很多家族世代珍藏的族谱，将先辈们的特征和记忆代代流传，成就了子子孙孙与生俱来的骄傲和荣光。

中心法则

我们的故事还没讲完。

"好了，我相信 DNA 分子确实就是遗传物质了，"你也许会说，"它的碱基顺序能够记录信息。它的半保留复制能够保证这些信息被完美复制和传递，甚至它的螺旋结构都是那么优美动人。可是这些到底和遗传有什么关系呢？讲了这么久，我还是不知道为什么'种瓜得瓜，种豆得豆'，还是不知道黄色豌豆和绿色豌豆的区别，不知道为什么孩子总是长得像爸爸妈妈呀？"

这个疑问的核心其实是，遗传信息到底是以什么形式写进 DNA 的，或者反过来说，DNA 上携带的信息是怎样决定生物性状的？就像我们刚刚举过的例子，如果把 DNA 看成是用一种外国语言出版的报纸，报纸上的文章究竟该怎么读，又说明了什么事情呢？

还是拿孟德尔的豌豆来举例吧，我们现在已经知道，必须有一种

"黄豌豆"基因能够决定豌豆的表皮颜色，而且这个基因就在 DNA 分子长链上。甚至我们都可以设计些简单的方法，准确地把它给找出来。但是一段由四种简单的碱基分子组装成的长链，怎么就能够决定豌豆的表皮颜色呢？

这个环节的主角，正是刚刚被遗传学家抛弃的分子——蛋白质。

从某种程度上来说，蛋白质就像是更加复杂的 DNA。和 DNA 的组成方式类似，地球生物中的蛋白质分子是由 20 种氨基酸小分子首尾相连形成的长链——当然复杂程度明显要高得多。大多数地球生物的 DNA 分子总是呈现双螺旋的简洁结构，而蛋白质分子的三维结构则变化多端、复杂莫测。插句话，其实这也是为什么在埃弗里实验之后，很多生物学家拒绝相信 DNA 是遗传物质的原因——他们下意识觉得更加复杂和多样的蛋白质分子才是遗传物质。而人们对蛋白质的认识历史也要远远早于 DNA。

早在 20 世纪初人们就已经知道，生命体中存在着许多能加速各种化学反应的催化物质，而这些物质就是蛋白质（图 1-26 是一个非常复杂的蛋白质三维结构）。就在沃森和克里克看着 DNA 分子的 X 射线衍射图谱，用硬纸板和铁丝搭建双螺旋模型的时候，他们的同事马克斯·佩鲁茨（Max Perutz）和约翰·肯德鲁（John Kendrew）也在试图用同样的方法分析蛋白质分子的三维结构。他们的成功来得更晚一些，到了 1959 年，他们才成功获得了血红蛋白——血液中负责运输氧气的蛋白——的三维结构，而这也充分说明了蛋白质的高度复杂性。因此，在遗传的秘密终于得到解答以后，人们有理由做出这样的假设，即生命体的各种性状是由各种各样的蛋白质分子实现决定的。

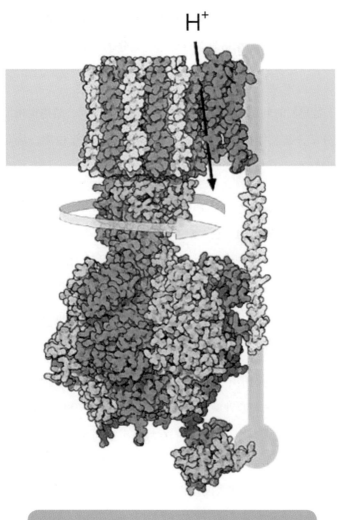

H⁺

图 1-26　蛋白质（ATP 合成酶）的三维结构

　　不难想象，也许有一种蛋白质分子能够合成黄色色素，所以会让豌豆种子长出黄色的表皮；也许有一种蛋白质分子能够制造厚厚的多糖，从而让肺炎链球菌具备光滑的外壳——这一类有着几乎无穷无尽的组合（可以心算一下，一个由 20 个氨基酸组成的蛋白质就可以有 20^{20} 种可能），有着复杂空间结构的大分子，给人们留足了想象的空间。

于是我们的问题就变成了：构成方式较为单调、结构也很简洁的 DNA 分子，是怎样指导生命体生产出各种各样的蛋白质，从而决定生命性状的？

说起来有点惊人，对这个问题最初的回答居然不是在实验室里，而是在演算纸上完成的，这一点对于生物学这门绝大多数时候仍然依赖经验的科学来说非比寻常。大爆炸理论的发明者、物理学家乔治·伽莫夫（George Gamow）对 DNA 双螺旋也非常着迷，他试图用物理学家的思维方式帮助解决从基因到蛋白质的难题——这可能部分解释了为什么我们是从纸上而不是试管里得到问题的答案的。

在和克里克的通信中，伽莫夫推测，DNA 如果能够指导蛋白质的准确合成，就意味着四种碱基 A、T、C、G 的排列顺序必须能够指导 20 种氨基酸的排列顺序。就像我们在故事里提到的，一个简单的思路就是，数个碱基的序列共同决定一个氨基酸。如果是两个碱基分子构成一个氨基酸"密码"，那么仅有的 4^2（16）种组合不足以代表全部的氨基酸；如果是三个碱基形成一个氨基酸"密码"的话，那么 4^3（64）种组合，仅仅比氨基酸数量略高；而如果是四个碱基形成一个氨基酸"密码"的话，那么 4^4（256）种组合似乎就太过浪费了（见图 1-27）。因此，伽莫夫推测，DNA 指导蛋白质合成的基本原则是相邻三个碱基的序列形成一个独特的密码子，用来指代一种独一无二的氨基酸。

HUMAN
GENE
EDITING
上帝的手术刀
基因编辑简史

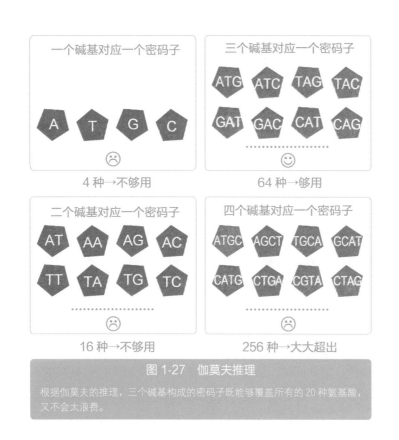

图 1-27　伽莫夫推理

根据伽莫夫的推理，三个碱基构成的密码子既能够覆盖所有的 20 种氨基酸，又不会太浪费。

我们现在知道，伽莫夫的简单推理精确得不可思议，所有地球上的生命都使用了三碱基密码子来指导氨基酸的装配序列和蛋白质的生产。这其实也是对生命进化之美的一次绝妙展示，在无数种可能的编码机制中，生命恰恰选择了足够多样而又非常节约的一种编码方式！

而解密密码子的实验也同样精巧美妙。如果三个相邻的碱基顺序能够决定蛋白质分子中一个氨基酸的身份，那么我们就可以用一串人工合成的 DNA 序列，生产出任何一种我们想要的蛋白质分子来。1961 年，马歇尔·尼伦伯格（Marshall Nirenberg）证明，一长串人工合成的尿嘧啶核酸序列，会指导生产出一个由一串苯丙氨酸相连而成的蛋白质分子。（要说明一下的是，尼伦伯格实验中实际使用的是 RNA 而非 DNA。RNA 中的尿嘧啶对应的是 DNA 中的胸腺嘧啶。）随后尼伦伯格和他的同事们又相继证明，一长串腺嘌呤对应的是全部由赖氨酸组成的蛋白质，一长串鸟嘌呤则是脯氨酸。碱基序列和氨基酸序列的对应关系得到了初次证明（见图 1-28）。

当然，严格说起来，尼伦伯格实验只能证明 DNA 序列对应氨基酸序列，还不能证明到底是几个碱基对应一个氨基酸。而在此后不久，哈尔·霍拉纳（Har Khorana）又利用更复杂的长链核酸序列，证明了只能是 3 碱基序列对应一个氨基酸（见图 1-28）。在接下来的几年里，许多研究机构之间的白热化竞争最终解密了 3 碱基密码子全部 64 种组合所携带的信息。最终我们知道了，大多数氨基酸都对应着两到三种密码子，与此同时，还有三种密码子不负责编码任何氨基酸。它们作为终止信号，竖立在基因 DNA 序列的尽头，标志着氨基酸装配工作的完成。

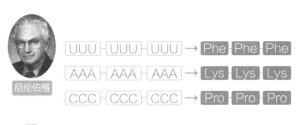

图 1-28　尼伦伯格 - 霍拉纳实验证明了 3 碱基密码子假说

好了，说到这里，我们大概可以再回头说说孟德尔神父的豌豆了。

我们现在已经知道，组成 DNA 分子的碱基排列顺序能够决定氨基酸的特定排列顺序，从而指导蛋白质的合成。那么想象豌豆里有这么一个"黄豌豆"基因就没有那么困难了。我们完全可以想象，豌豆里会有一种蛋白质，它的功能是帮助豌豆表皮生产一种黄色色素，从而把豌豆表皮变成淡黄色。而这种生产色素的蛋白质中氨基酸的排列顺序，都被一丝不苟地以三个碱基对应一个氨基酸的形式写在豌豆的 DNA 里。这段"黄豌豆"基因会随着豌豆的交配过程进入子孙后代的体内，再随着子孙后代的生长，不断地一分为二，二分为四，四分为八，进入每一个豌豆细胞的内部，从而让这些后代结出的千千万万颗豌豆都变成黄色。考虑到不管是豌豆还是人类，细胞内蕴藏的 DNA 分子都是由数十亿碱基所组成的，而与此同时，蛋白质一般是由数十个至数千个氨基酸构成的——这个数字乘以 3 就是编码所需的碱基长度。也就是说，复杂生物的遗传物质足以编码数以万计的蛋白质分子。这个庞大的数字，也就是丰富多彩的生物性状的物质基础。

- DNA 是遗传信息的载体。
- 遗传信息的最小单位——基因，以碱基序列的形式存在于细长的 DNA 分子上。
- DNA 分子通过一轮又一轮的半保留复制，将遗传信息忠实地传递给了每一个后代。
- 基因通过 3 碱基对应一个氨基酸的形式，决定了氨基酸的装配序列和蛋白质的生产。

● 蛋白质催化了生物体内各种各样的化学反应，从而让生物体
　　呈现出丰富多样的性状。

这，可能就是遗传的秘密。

当然，在我们今天的生物学认知里，遗传的秘密比这几条简单的
原则要复杂得多。从某种程度上说，今天的地球生命正是在此基础上
叠床架屋，增加了许多层次的复杂度，来保证对遗传信息的精确传递，
以及对生物性状的复杂控制。

比如说，我们现在知道，大多数复杂生物的 DNA 并不是单纯用
来编码 RNA 和蛋白质的。人类的基因组 DNA 中有多达 90% 的碱基
序列并不用来制造任何蛋白质。单纯从蛋白质生产的角度而言，人类
的基因组里充满了"垃圾"，效率惊人得低下。但是这些看似无用的"垃
圾"DNA 为遗传的秘密提供了新的复杂度。我们已经知道，很多不
直接参与蛋白质制造的 DNA 能够通过各种方式参与到蛋白质合成的
调节中去，是它们保证了生物可以在合适的时间和地点生产出合适数
量的蛋白质分子。

再比如说，早在双螺旋模型刚刚诞生的时候，克里克就已经预言，
DNA 并不会直接指导蛋白质的合成，而必须借助一个中间桥梁——
RNA。DNA 首先要根据碱基互补的原则，以自己为模板制造一条
RNA 长链；然后 RNA 再根据 3 碱基对应一个氨基酸的原则制造蛋白
质。这个假说之后也被证明了，DNA→RNA→ 蛋白质的遗传信息流动
规律，被冠以了"中心法则"的鼎鼎大名（见图 1-29），站在了全部
生物学发现的巅峰。RNA 为遗传的秘密提供了又一层新的复杂度。因

为 RNA 的存在，蛋白质生产的时空调节可以通过 RNA 来进行。比如我们可以想象，如果细胞大量合成某个特定的 RNA 分子，就可以极大地促进其对应的蛋白质分子的生产。

还比如说，我们今天也知道，蛋白质分子自身的结构和功能也能够被精密地调控。许多蛋白质分子需要特定氨基酸位置上发生化学修饰——例如磷酸化、甲基化、乙酰化等——才能够发挥特定的功能。与此同时，我们也知道了生物体内的蛋白质分子并非永生不死，它们也有自己的生命周期，有诞生和独立存活，也有死亡和降解。正因为此，遗传的秘密可谓非常复杂。

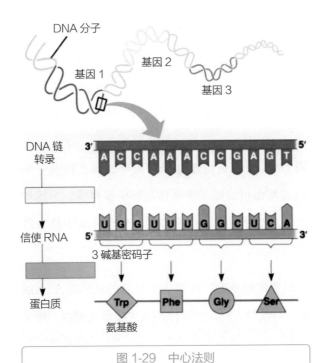

图 1-29 中心法则

根据中心法则，遗传信息存储在 DNA 分子中，通过 RNA 介导，指导了蛋白质的合成，从而决定了生物体的各种性状。

但是如果抛开这些所有的复杂调节，DNA→蛋白质的核心原则，始终存在于地球上的每个生命体内。

这个原则细细想来可谓意味深长。

对于地球生命而言，这无疑是传递遗传信息最简洁高效的办法。我们可以把一个活的生物体看成许许多多化学物质在三维空间里的时空分布——对于人体而言，这意味着差不多有近 10^{23} 个原子，在以纳米为空间精度、微秒为时间精度的约束下完成排列组合。其中蕴含的信息量远远超过人类文明的理解范围。即便在遥远的将来，它对于人类文明来说也可能是永久的秘密。所有这些时空组合的源头，却不过是区区 30 亿个碱基对组成的 DNA 长链。在 DNA 长链上，遗传信息以碱基组合变化的方法存储，呈简单的一维线性排列，而且精确到在世代传递中几乎不发生任何错误！可想而知，在生物世代繁衍的过程中，想要准确复制一条 DNA 分子的难度——就像我们刚刚讲过的那样——要远远低于临摹先辈三维空间里的全部生物性状。而 DNA 复制和传递过程中出现的偶然错误——概率大约是 $1/10^9$，反过来也可以赋予生物体足够的多样性，为达尔文的进化论提供基础，让地球生命在严酷多变的地球环境中熬过自然选择的洗礼。

而对于渴望理解生命、理解人类自身的我们而言，DNA 为我们的探寻提供了方便的入口。对于刚刚走进生命大厦的一楼大厅却渴望探索大厦里每一处神秘角落的我们而言，DNA 就像建筑师的蓝图，为我们提供了最可靠的指南。人类遗传学手段帮助我们理解了许多人类基因的功能。简单来说，当我们发现某个疾病患者体内存在某个基因的功能缺失，我们就可以将这个基因与这种疾病联系在一起。类似的例子包括先天性色觉障碍、白化病、血友病，以及更为复杂的某些癌症和代谢疾病。而反过来，我们马上也可以想象，如果有一天我们期望能够改造人类本身，消灭某些顽疾，甚至是增强某些机能，直接在人类的基因组上下手将是最快捷和高效的做法。

路漫漫其修远兮。

在过去的亿万年里，是遗传规律促成了地球生命的开枝散叶，并呈现出了五彩斑斓的模样。基因就像亿万年间从未止息的河流，把地球生命带向一个又一个新的港湾。

在过去的一万年间，对遗传现象的认识和利用催生了农业社会的到来，人类这种不起眼的灵长类生物也正是基于此建立起辉煌的文明大厦，开始了认识自身、认识世界、认识宇宙的漫漫征程。

而在过去的一两百年中，我们才真正开始理解遗传的秘密，理解在一代代生命的繁衍中，是什么样的规律主宰了遗传信息的流动，这些信息又如何塑造了每个独一无二的生物体。我们甚至已经开始利用这些规律来改造地球生物，甚至改造我们自己。

在即将到来的未来，遗传的秘密又将把我们带往何处？人类有一天会不会操起上帝的手术刀，主动修改自身的遗传信息，就像在河流上建坝修堤，让生命的河流顺着我们自己的意愿流淌？

HUMAN
GENE
EDITING

02

给基因动手术

让人生病的基因

说完了基因，我们来说说基因和疾病的关系。

疾病是伴随每个人一生的一个名词。在现代医学字典里，能够清楚命名和定义的疾病多达上万种。它们的发病原因、临床症状和治疗方法千差万别。但我们可以很有把握地说，所有疾病都和我们身体里的遗传物质，和我们从父母那里继承来的遗传信息，有着千丝万缕的联系。注意，这里说的是所有疾病。

我说这句话有点耸人听闻的嫌疑，但是里面的道理说来并不难懂。

我们已经知道，生物体内的基因能够通过生产各种各样特定的蛋白质分子，决定身体的各种性状（想想豌豆的黄色表皮和肺炎链球菌的粗糙表面，想想大家从中学生物书里就学过的单双眼皮、头发颜色、血型和高矮胖瘦，等等）。自然而然，如果这些基因出了问题，人体也就很有可能会出问题，即便这些基因在"正常"状态下工作，也可能会影响人体对疾病的敏感程度和抵抗能力。

疾病光谱的一端散布着那些完全由遗传因素引起的疾病。如果人类基因组上某些特定的基因，因为种种原因出现了 DNA 序列的遗传改变，从而使得人体某种生理活动出现异常，我们一般笼统称其为遗传病。这类疾病中包括一些病因相对简单的所谓"单基因"疾病——由于单个基因的 DNA 序列和功能发生变化导致的疾病。

镰刀形红细胞贫血症可能是大家从中学生物课本里就已经熟知的一类单基因遗传病。在人体基因组中，有几个负责编码和制造血红蛋白的基因（包括 HBA 和 HBB）。这些基因对于人体的正常机能非常重要——因为血红蛋白是血液中的红细胞携带和运输氧气的重要载体。而在镰刀形红细胞贫血症患者体内，HBA 基因的 DNA 序列发生了一个特定碱基分子的变异：第 20 位的碱基发生了变化，从 A 变成了 T，从而导致 HBA 蛋白第 7 位的氨基酸从谷氨酸变成了缬氨酸，成为功能异常的 HBS 蛋白。就是这么一个最低程度的遗传变异，竟然剧烈破坏了人体血红蛋白的形态和功能。在这些患者体内，红细胞不再是规则的圆饼形，而是成了不规则的镰刀形（见图 2-1），并伴随有严重细菌感染、肝脏脾脏肿大等一系列临床症状。

白化病是另一个类似的例子。人类基因组里编码酪氨酸酶的基因（例如 OCA1、OCA2 和 TRP-1）对于人体合成黑色素非常重要。因此，如果这些基因出现遗传变异，人体皮肤及毛发失去合成黑色素的能力，就会出现"白化"症状。而比"白化"本身更影响健康的是眼部视网膜、虹膜和瞳孔的色素缺失。也正是因为这个原因，白化病患者非常怕光。

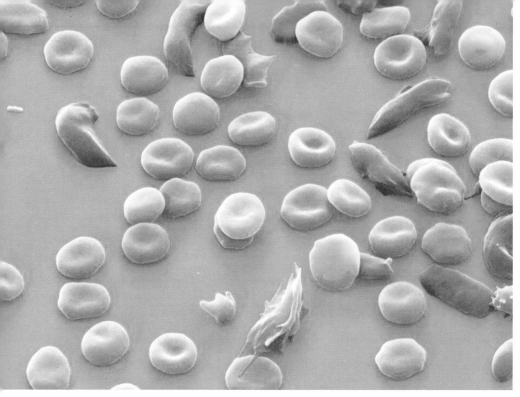

图 2-1　镰刀形红细胞贫血症患者体内的红细胞

镰刀形红细胞贫血症患者体内的红细胞不再是正常的圆饼状（浅红色），而呈现出五花八门的怪异形状，其中有代表性的是镰刀状的红细胞（紫色）。这种疾病是由于人体内编码血红蛋白的 HBA 基因发生特定遗传变异导致的。

在这两个例子里，我们能直接看出基因和某些疾病之间的逻辑。正常工作的基因既然对于人体的健康机能至关重要，那么如果基因的 DNA 序列发生变异，就可能会导致严重的遗传疾病。

当然，一个很有意思的现象是，历经漫长进化的人类基因组并没有淘汰掉所有有害的遗传突变。换句话说，不少导致疾病的遗传变异也不仅仅是"上帝的诅咒"那么简单。所谓"杂种优势"理论对此进行了解释。

有一种非常严重但至今无药可治的单基因遗传病名为"囊肿性纤维化"（见图 2-2），这种病在北欧人群中的发病率相当高。这种疾病是由于人类 7 号染色体上一个名为 CFTR 的基因发生突变，丧失功

能导致的。CFTR 基因负责编码一个细胞膜上的离子通道，这个"通道"的作用是让水分子能够在细胞内外流动，对于身体各组织分泌黏液至关重要。如果一个人身体内来自父亲和母亲的两个 CFTR 基因拷贝同时出现缺陷，就会导致细胞分泌物黏度上升从而形成囊肿。

据进化生物学家的推测，这个致命的 CFTR 基因缺陷其实相当年轻，仅有 52 000 多年。那个时候的人类祖先已经走出非洲，长相和脑容量也已经和现代人所差无几。令人困惑的是，既然这种遗传缺陷足以致命，为什么它还能够顽强保留下来，没有被自然选择淘汰掉？一个可能的解释是，与携带两个变异基因拷贝的病人相比，仅仅携带一个 CFTR 变异基因的人不仅不会得病，反而会获得额外的生存优势，例如对霍乱、痢疾和肺结核的抵抗力。

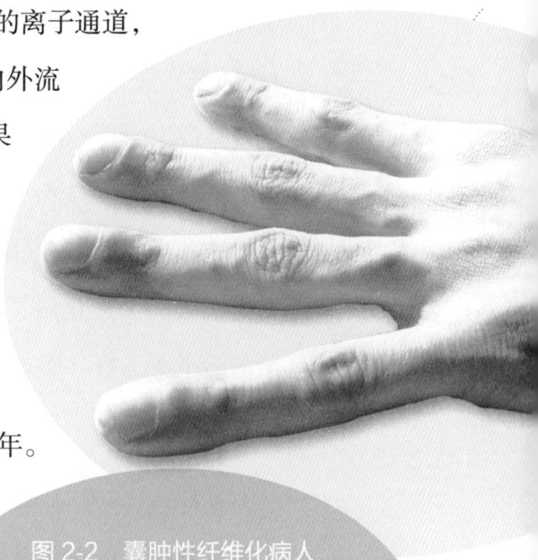

图 2-2　囊肿性纤维化病人肿大的指节

这种疾病是由于人体内 CFTR 基因发生遗传变异导致的。实际上这类疾病最主要的症状是肺部乃至胰腺、肝脏、肾脏和肠道的水肿。严重时，病人会因肺水肿阻塞呼吸道，危及生命。

要知道，在人类进入农业社会，习惯大规模群居生活，并和家畜混居在一起之后，这些流行病就获得了大规模肆虐的机会，因此，拥有"杂种"CFTR 基因突变的生存优势在那时相当明显。而根据我们之前讲过的豌豆杂交试验马上可以推算出，两个"杂种"父母的后代身上，会有 1/4 的机会拥有两个 CFTR 基因拷贝，被囊肿性纤维化这种遗传疾病"选中"。与此同时，他们的孩子里会有 1/2 的概率和父母一样，成为不仅不会得病，反而具有生存优势的"杂种"，另有1/4 的概率成为不会得病，但是也没有额外抵抗力的"娇贵"孩子。也就是说，在漫长的人类进化历程里，北欧人群是靠着牺牲 1/4"不幸"孩子的健康乃至生命，以及 1/4"娇贵"孩子的生活质量，来确保另一半子孙后代能够躲过时不时在村庄部落里肆虐的传染病，从而生长繁衍下去的。进化做了这么一道残酷的算术题，1/2 的存活概率总比全部活不下去好。而这，可能也是许多单基因遗传病至今仍然存在的原因之一。

实际上，我们刚刚讨论过的镰刀形红细胞贫血症也有类似的解释。这种在撒哈拉以南的非洲肆虐的遗传病也能提供"杂种优势"。仅仅携带一个 HBS 基因突变的个体不仅不会患镰刀形红细胞贫血症，反而能够获得对疟疾的抵抗力（见图 2-3）。

图 2-3　镰刀形红细胞贫血症基因的进化"优势"

携带单个 HBS 基因突变的父母双方都不会患有镰刀形红细胞贫血症。而在他们的子女中，有 1/2 会同样携带一个 HBS 基因突变，不会患病，同时具有对疟疾的部分抵御能力。与此同时，约有 1/4 会携带两个 HBS 基因突变从而患病。另有 1/4 不携带任何 HBS 基因突变，但同时也失去了对疟疾的抵抗能力。

HUMAN GENE EDITING

上帝的手术刀
基因编辑简史

必须得说，单基因遗传病是一类病因和病理相对容易理解的疾病。归根结底，想要理解单基因遗传病，我们需要明确的仅仅是单一基因的序列变异和特定临床症状之间的逻辑关联。人们推测，地球上可能有上万种单基因遗传病；考虑到人类基因组也不过区区两万多个基因，这个数字可以说是非常惊人。这个数字其实也就意味着，许许多多对人体机能非常重要的基因，一旦出现遗传变异就会导致疾病。这些单基因遗传病的发病率高低不一，如镰刀形红细胞贫血症和囊肿性纤维化的发病率高达几百和几千分之一，而很多罕见的遗传病发病人数全世界每年只有区区几个人到几百人。更可以想象的是，许多遗传病因为太过罕见，甚至根本得不到发现和命名。

除了单基因遗传病这类相对简单清晰，或者也可以说极端的例子，实际上在疾病光谱中央地带分布着的，是大量由许多遗传变异共同影响，同时也受到环境因素影响的复杂疾病。举例来说，一种在国内媒体上曝光率较高的疾病是俗称"兔唇"的先天性唇腭裂。目前已知可能与先天性唇腭裂发病相关的基因变异多达数十种。由于在多基因遗传病里每一个疾病相关基因对疾病的贡献通常都是一个很小的数字，因而与单基因遗传病相比，完全理解多基因遗传病的病因要困难得多。要是再加上环境因素的复杂影响，我们想要完全理解在绝大多数疾病中的基因的相对贡献就会变得非常困难。

这方面的一个经典例子就是困扰许多中国孩子（也包括我自己）的高度近视。针对大规模人群的谱系分析已经发现了数十个与近视发病高度相关的遗传变异位点，与此同时，近距离工作用眼和缺乏户外运动也被证明与近视发病有着密切的关联。近年来亚洲国家的近视发病率屡创新高（见图 2-4）。这其中既有亚洲国家普遍重视教育、轻视户外活动的因素，也与亚洲人群中近视易感的基因变异比例较大有关。除此之外，困扰现代社会的各种"现代病"，包括高血压、高血脂，精神类疾病如抑郁症等，也都是复杂遗传因素和环境因素相互作用的结果。

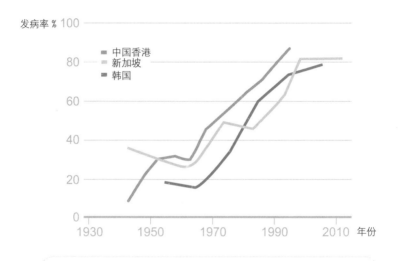

图 2-4　东亚国家和地区的近视发病率

由图可见，当下这些国家和地区 20 岁的青年人近视发病率已经接近 80%。这里有环境因素（亚洲国家和地区普遍重视教育，人们伏案学习时间长，户外活动时间短），也有遗传因素（东亚人群携带近视易感基因的比例较大）。

你可能会问，既然我都说了，复杂疾病里可能有几十个基因参与，更不要说还受到年龄、性别、饮食习惯、睡眠习惯、职业、恋爱史等因素的干扰，怎么就能肯定这些因素里的任意一个不是科学家们的臆想呢？

没错，由于人类社会的高度复杂性，也由于科学家实际上不可能在健康人群中做实验验证某个单一因素和疾病的因果关系（这是毫无疑问的反人类罪行），想要确凿无疑地证明在复杂疾病里，某一个基因的变异或某一种环境因素的变化对疾病发生的具体影响，是非常困难的。科学家采取的手段往往只能是相关性研究。比如说，对成千上万人展开调查，看看其中某个他们感兴趣的指标——可以是某个基因的变异，可以是诸如血压、血糖、身高、体重这样的生理指标，也可以是饮食、职业、睡眠这样的生活指标——和疾病发病率是否存在相关性，然后得出诸如"携带某类型基因突变的男性在 65 岁以上罹患某疾病的概率会增加 20%，如果他同时还抽烟，那么风险还会再增加50%"这样的统计性结论。可想而知，这样的结论会受到调查对象选取范围的影响，甚至科学家在不同的调查里还会得到截然不同的结论。

即便如此，哪怕我们还无法彻底理解复杂疾病中遗传因素的作用方式，我们仍然可以通过研究证明这些疾病中必然有着基因的参与。

这种研究的名字叫作"双生子研究"（见图 2-5）。顾名思义，双生子研究的对象是双胞胎。大家肯定都知道双胞胎有同卵和异卵之分，前者是由同一个受精卵分裂而来，分享几乎全部的 DNA 序列；后者则是由差不多同时受精的两个受精卵发育而来的，分享 50% 左右的 DNA 序列。一般情况下，不管是同卵双生子还是异卵双生子，这些孩子成长生活的环境总是高度相似的。双生子研究正是利用了这两个特点。如果科学家发现某种疾病在同卵双胞胎中同时出现的概率要高于异卵双胞胎，那么我们就有足够的理由相信，这种疾病一定离不开遗传因素的贡献。两者之间的相关性差异越大，遗传因素的贡献也就越大。实际上，上面说到的几种复杂疾病，从近视眼到高血压，再到抑郁症和自闭症，都是通过这样的办法证明了遗传因素确实是参与其中的——尽管直到今天我们还没有完全弄清楚到底是哪些基因，这些基因又是通过什么样的作用方式影响疾病的。

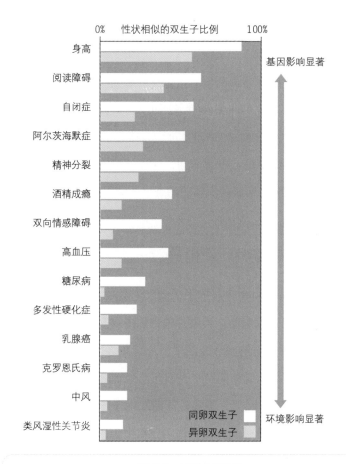

图 2-5　双生子研究

图中一系列性状和疾病都有着复杂的关联，但双生子研究有力地证明了其中确实存在遗传因素的贡献。例如，对于"身高"指标来说，基因 100% 相同的同卵双胞胎身高相关的程度，要大于基因 50% 相同的异卵双胞胎，这说明遗传因素确实参与决定了身高。与此同时，同卵双胞胎中上述所有指标的相关度都不是 100%，这说明环境因素也参与决定这些性状（例如营养条件对身高的影响）。

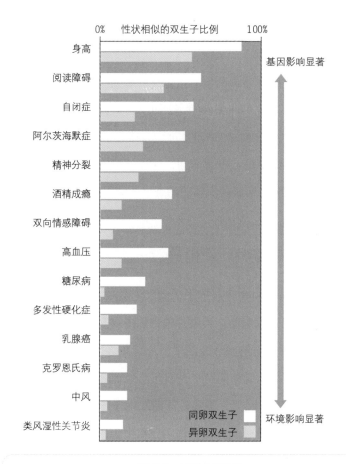

说到这里，相信大家已经不会怀疑基因对于许多疾病的重要性了。但较真的你可能还会问，这本书里说的可是"所有"疾病啊！难道在疾病光谱的另外一端，像骨折这样的外伤，像病源微生物引起的感染性疾病，例如由人体免疫缺陷病毒（Human Immunodeficiency Virus, HIV）引起的艾滋病、结核分枝杆菌引起的肺结核、日常生活中经常困扰我们的流行感冒，也和基因有关系？

还真有，尽管这种说法听起来有点反直觉。我们可以同样把这些疾病看成是环境因素和遗传因素共同作用的结果。比如骨折，外力撞击和意外跌倒等环境因素是骨折的重要诱因。那么能不能说骨折是一种100%由环境因素导致的疾病，完全没有遗传因素的贡献呢？不能。因为我们现在已经知道，骨质疏松会显著提高骨折的风险，面对同样的撞击和跌落，骨质疏松患者发生骨折的概率要大得多。而骨质疏松——一种标志为骨密度异常下降的疾病——有着非常强的遗传因素作用。通过在世界各地进行的双生子和谱系研究，我们目前认为骨质疏松的遗传贡献在30%~60%！看到这里，你是不是也开始相信，哪怕看上去完全是由外因引起的疾病也可能有基因的贡献？

而下面这个例子可能更有冲击力。艾滋病在过去几十年里肆虐全球，杀死了超过4 000万人，直到今天我们也没有找到彻底预防和根治艾滋病的灵丹妙药。这种疾病是由HIV感染引起的，这种凶险的病毒专门寄生在人体免疫细胞中，它的疯狂繁殖会破坏人体的免疫机能，最终将患者拖入各种病原体感染的痛苦深渊中。从这个角度说，这种疾病大概是所有感染性疾病的罪恶渊薮了。

即便是在这种疾病中，我们仍然可以看到人体基因的贡献。差不多有 1% 的白人天生就具有对艾滋病的免疫力，他们的免疫细胞压根不会被 HIV 入侵！现在我们知道，这是因为 HIV 入侵人类免疫细胞的过程中，需要首先借助免疫细胞表面的一些"路标"蛋白来指明方向，这些蛋白中包括一个名为 CCR5 的蛋白。在天生带有艾滋病保护伞的 1% 幸运儿身上，编码 CCR5 蛋白的基因出现了功能突变，因此这个"路标"蛋白无法被 HIV 识别，人体的免疫细胞也就天然具备了将病毒拒之门外的抵御能力。

你们马上可以想到，如果利用这一点改造人类的 CCR5 基因，是不是有可能彻底治愈艾滋病？这不是童话，而是真真切切发生过的历史。这就是著名的"柏林病人"的故事。1995 年，美国人蒂莫西・雷・布朗（Timothy Ray Brown，见图 2-6）被确诊为艾滋病，在 2006 年，他又一次被病魔击中，这次是致命性的急性髓细胞性白血病。但两种致命疾病的结合反而给了布朗重获新生的机会。他的主治医生格罗・修特（Gero Huetter，见图 2-6）提出了一石二鸟的解决方案。修特建议，彻底清扫掉布朗体内带有艾滋病毒同时又已经癌变的骨髓细胞，再专门选择 CCR5 基因变异的骨髓捐献者，给布朗进行骨髓移植。这样不就可以同时治疗白血病和艾滋病了吗？这个大胆的方案在几经波折后，彻底治愈了布朗的艾滋病，布朗也因此成为世界上迄今为止唯一一个彻底摆脱艾滋病困扰的患者。必须得说，科学家和医生们还没有能成功复制"柏林病人"的经验，但这唯一一次的成功也足够鼓舞人心了。在故事的后续章节，我们还会再次回到这个经典案例上来。

图 2-6 "柏林病人"

"柏林病人"蒂莫西·雷·布朗（右）和治疗他的医生格罗·修特（左）

而对于我们现在的故事来说，从镰刀形红细胞贫血症到近视，从囊肿性纤维化到骨折和艾滋病，我们已经看到，无处不在的基因不但决定了我们与生俱来的性状，它们还隐藏在数不清的人类疾病背后，深刻影响着我们的身体健康。

那么，如果想要战胜疾病，直接对基因动手术，会不会是一个一劳永逸的切入点呢？

基因入药

从理论上说，看了前面有关基因和疾病的故事，我们已经知道，如果能够精确地修改人体内的 DNA 序列，我们确确实实有可能战胜许多疾病。

如果我们能够修改镰刀形红细胞贫血症患者体内的 HBS 基因序

列，修改囊肿性纤维化患者体内的 CFTR 基因序列……我们就可以彻底治疗成千上万种单基因遗传病。如果我们能够找到近视、糖尿病、高血压和自闭症背后的几十个相关基因，我们也同样可以治疗这些顽固性疾病，无非是把治疗单基因遗传病的步骤在同一个患者身上重复几十次。甚至我们也可以用同样的办法提高人们的骨密度、修改人体的免疫细胞，让人体可以从容面对跌倒摔伤和免疫缺陷病毒的入侵！我们立刻可以想象，直接针对基因挥舞手术刀的"基因治疗"可能是人们千百年来幻想过最美妙的疾病解决方案了，釜底抽薪、一劳永逸，还不用担心投鼠忌器的副作用问题。

然而，看上去很美妙的基因治疗，至今仍然基本停留在纸面上。从基因疗法首次被应用于人体的 1990 年算起，全世界通过基因治疗得以重获健康的幸运儿不超过千人。我们在科学杂志和媒体上看到的，经常是基因治疗领域反复发生的临床事故、失败案例，以及一次次的重头再来。直到今天，基因治疗的临床可行性还仅仅局限于对最简单的单基因遗传病进行治疗，而且这种治疗还仅仅是给患者体内"放回"一个正常的基因拷贝，距离真正的"精确修复"致病基因还有漫漫长路。更复杂疾病的基因治疗还停留在科幻小说范畴。至于说改造人体基因、实现对疾病（从骨折到艾滋病）的预防，光是伦理层面的嘴仗还打不完呢。

说到这里，你可能要问个问题。原来说得这么热闹的基因治疗，不过是少数成功的案例，而且仅仅是针对那些罕见的单基因遗传病啊？可是相比于糖尿病、高血压和近视眼，相比于艾滋病、肝炎和各种细菌感染，甚至是相比于各种多基因遗传病，单基因遗传病似乎离

HUMAN
GENE
EDITING

上帝的手术刀
基因编辑简史

072

我们相当遥远啊。即便是相对熟悉的镰刀形红细胞贫血症、白化病，我们也更多地是从新闻里而不是从自己的生活圈子里看到和感受到的。那么我们为什么要大费周章，搞出一整套所谓的基因治疗去解决这些相对"小众"和"冷门"的疾病呢？用这些精力和资源开发更好的治疗手段，更好地帮助我们对抗糖尿病、高血压，以及各种病毒细菌的侵袭不是更好吗？

抛开"每个生命都同等重要"的伦理逻辑不谈，答案里面其实蕴涵着两套不同出发点，却同等要紧的逻辑。第一，从技术层面来说，我们不得不遗憾地承认，依据我们目前的知识水平和技术储备，基因治疗真正具有临床可行性的也主要是针对单基因遗传病"而已"。那些更复杂的疾病，单单搞清楚背后的几十个甚至上百个致病基因之间的相互关系就已经是个异常困难的任务了，而一次性对患者体内的多个基因进行精确"手术"操作至少在当下更是完全不具备可行性。

而第二个逻辑则要更光明一些：如果我们能够有效地理解和治疗单基因疾病，那么以此为技术储备和出发点，我们应该有能力循着知识积累和技术进化的路径，慢慢逼近和攻克更复杂、更顽固，也更加普遍的疾病。就像莱特兄弟仅仅飞了十几秒的飞行者一号飞机问世不过百年后，我们拥有了在平流层展翅翱翔的波音空客，也如同现在一只苹果手表的运算能力要远远超过 50 多年前装满几间屋子的庞然大物数字积分计算机（ENIAC），工业革命后数百年技术进化的能力让我们有理由对基因疗法更广泛的用途保持乐观。

因此，就让我们暂时抛开浪漫主义的医学幻想，看看基因治疗领域的飞行者一号和 ENIAC 长什么样子吧。

今天的基因治疗能做什么呢?

有一种名为重症联合免疫缺陷病(ADA-SCID)的罕见遗传病,其发病率小于十万分之一。患有这种疾病的患者(见图 2-7)的第 20 号染色体上,有一个名为腺苷脱氨酶(Adenosine deaminase, ADA)的基因出现了遗传突变失去了原有的功能,使患者几乎完全丧失了免疫机能。抛开其背后复杂的病理分析暂且不谈,我们至少可以想出两个"粗暴"直接的治疗思路来"缺什么补什么"。干脆在人体里放回一个正确的腺苷脱氨酶基因,或者干脆在体外生产一些腺苷脱氨酶蛋白注射到人体中不就行了吗?

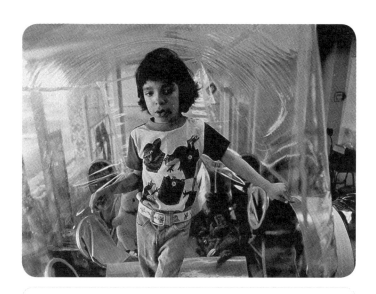

图 2-7 生活在气泡里的重症联合免疫缺陷病患者

因为免疫系统几乎完全失灵,任何一点外来病原体的感染对患者来说都足以致命。因此,罹患这种疾病的孩子只能生活在密闭的气泡舱里,所有的食物、玩具、衣物都需要经过严格消毒才能送入。

HUMAN
GENE
EDITING

上帝的手术刀
基因编辑简史

074

严格来说，一般只有前者才会被叫作基因治疗，因为只有前者才真的对患者的基因动了手术刀。不过后者也同样是在针对患病基因做文章，而且比"原教旨"的基因治疗门槛要低得多。因此也值得在这里插一闲笔，先说说这种治疗方法。

说起在体外生产蛋白质，可能很多读者马上会想到中小学课本里讲过的"人工合成牛胰岛素"，这是中国科学家在 20 世纪五六十年代取得的重要科学成就之一。当时科学家们利用 20 种氨基酸单体分子为原料，依据天然存在的牛胰岛素蛋白质的氨基酸序列，将氨基酸分子按照特定顺序首尾相连，用化学方法制造出了具有生物活性的胰岛素蛋白。不过我们必须得说，相比历经亿万年进化锤炼的生物体，人工制造蛋白质的效率实在太低了。因此，在实际应用里，人们几乎都是在用生物体本身来帮助我们生产蛋白质。

怎么做呢？我们已经知道，蛋白质分子的特定氨基酸序列信息，储藏在 DNA 分子的特定碱基排列中。因此，如果我们想要生产一个源自人体的蛋白质，只需要获取它的 DNA 序列，然后把这个序列放到诸如大肠杆菌或酵母菌之类的微生物中，就可以让大罐大罐的微生物帮我们日夜不停地生产人体蛋白质了。这种被称为"重组 DNA 技术"（见图 2-8）的革命性发明在 20 世纪 80 年代后被广泛应用于许多蛋白质药物的生产中。实际上，一直到今天，治疗重症联合免疫缺陷病的标准临床方案中，仍然包括定期注射体外生产的腺苷脱氨酶蛋白。

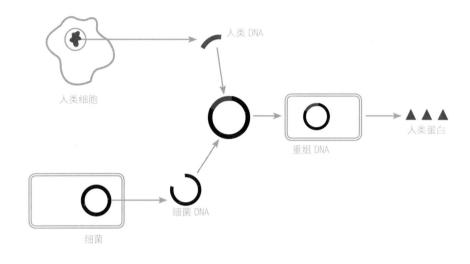

人类细胞

人类 DNA

重组 DNA

人类蛋白

细菌 DNA

细菌

图 2-8　重组 DNA 技术

简单来说，这项革命性技术的原理是将需要大规模生产的蛋白质所对应的 DNA 基因序列导入微生物中，在"中心法则"的指导下，让微生物为我们合成制造蛋白质。

　　将合成蛋白质注射给患者的思路很不错，但有一个问题，蛋白质在人体内是有生命周期的，它会慢慢地被机体降解消化掉并加以重新利用。所以一般而言，利用合成蛋白质治疗遗传病的时候，患者都需要定期——可能是几周一次，也可能是每天几次——接受蛋白质注射。这无疑是一件又麻烦又有点危险的事情。相比之下，用"原教旨"基因治疗的思路，将正常的腺苷脱氨酶基因重新引入患者体内，可能会提供一劳永逸的解决方案。因为这样一来，患者的体细胞也许将重新获得生产腺苷脱氨酶的能力，从而摆脱定期的蛋白注射。

HUMAN
GENE
EDITING
上帝的手术刀
基因编辑简史

076

可想而知，改造人体基因的诱惑是无比巨大的。早在 1963 年，就在 DNA 双螺旋模型获得诺贝尔奖之后仅仅一年，分子生物学家约书亚·莱德伯格就已经预言了在人体内引入基因的概念，并且乐观地认为，"这将仅仅是个时间问题"。到了 20 世纪七八十年代，随着分子生物学技术的发展，至少在实验室里克隆和操作基因，将基因引入动物细胞和动物体内都已经不是什么天方夜谭了。到了 20 世纪 90 年代，美国的监管机构终于批准了医生和科学家开展基因治疗的人体试验。

1990 年 2 月，在经过烦琐细致的文件审查和长达 20 小时的公开听证会答辩后，经由美国食品和药品管理局批准，美国国家卫生研究院的威廉·安德森医生（见图 2-9）正式开展了针对重症联合免疫缺陷病的基因治疗。很快，安德森医生就遇到了 4 岁的小女孩阿香提·德希尔瓦（见图 2-9）和她焦虑的父母。

和所有重症联合免疫缺陷病的患者一样，德希尔瓦的免疫功能几乎被完全摧毁了。从出生起，她就遭受着无休止的耳道感染、肺部感染和鼻腔感染的困扰。4 岁的她身高体重都只有正常 2 岁孩子的水平。客观来说，即便是在 20 世纪 80 年代，重症联合免疫缺陷病也还是有治疗方法的：一就

图 2-9　安德森医生和德希尔瓦

是我们刚刚讲过的办法，定期注射腺苷脱氨酶蛋白；另一种是骨髓移植，为患者注入能够正常合成腺苷脱氨酶的免疫细胞。然而两种方法都失效了：小德希尔瓦对腺苷脱氨酶注射失去了反应，同时她的医生根本找不到合适的骨髓配型用于治疗。

于是就像人类医学史上许多里程碑式的事件一样，德希尔瓦的父母在绝望中做出了无奈选择，让他们不幸的女儿接受未知命运的挑战，尝试一种前所未有的科学冒险。

1990年9月，在长达12天的治疗周期中，安德森医生和其他合作者首先从小病人的体内抽取大量血液，提取其中的白细胞，然后再将功能正常的腺苷脱氨酶导入这些细胞中。到了9月14日下午12:52，医生们用颤抖的双手打开阀门，把经过基因改造后的白细胞重新输回小病人体内。在手术后的检查中，医生们证明，德希尔瓦体内的白细胞重新生产出了氨基酸序列正常的腺苷脱氨酶！于是，在混沌初开之后的自然历史上，第一次有智慧生物开始从造物主的视角，挑战进化带给自身的病痛折磨。

1990年底，安德森医生在刚刚创刊的《人类基因治疗》杂志上撰文，用简单的"开端"（the beginning）一词，形容这一历史性的时刻。

几个月之后的1991年，第二位罹患重症联合免疫缺陷病的11岁女孩辛迪·凯西克（Cindy Kisik，见图2-10）在同一家医院接受了安德森医生的基因治疗。手术同样取得了成功。

到了1992年底，美国密歇根大学医学中心的詹姆斯·威尔逊（James Wilson）医生宣布，他的团队成功治疗了一名患有家族性高胆固醇血症的 29 岁女性。威尔逊发现，在手术后的数月之内，患者体内的胆固醇水平得到了显著控制。完全不同的患病基因，完全不同的人类疾病，同时也是完全不同的技术路线，然而基因疗法又一次成功了。

图 2-10　基因治疗技术的最早受益者

作为基因治疗技术的最早受益者，德希尔瓦和凯西克都顽强地活了下来。2013 年，她们一同参加了美国免疫缺陷基金会的年度会议，并且和当年实施手术的迈克尔·布莱西（Michael Blaese）医生合影。亲手开创基因治疗时代的安德森医生本人并没有出现在这张历史性的合影里。他在 2007 年因性侵一名少女锒铛入狱，至今仍在服刑。

此后，众多患者、医生和科学家的热情被迅速点燃，临床试验在美国、欧洲、中国和南美的许多医学机构中被迅速设计出来并开展实施。仅仅美国国家卫生研究院——安德森医生开展第一例基因治疗手术的地方，在随后的 10 年间就批准了数百例基因治疗。截至 2000 年，全世界开展了超过 500 个基因治疗临床试验，超过 4 000 名患者参与其中，相关疾病也在不断扩展。许多人真诚地相信，基因治疗的时代到来了。

那么我们是不是可以乐观地期待，至少在可预见的时间里，人类患有的单基因遗传病会得到全面有效的治疗呢？然后我们就可以以此为出发点，开始征服更复杂的遗传疾病呢？

答案是令人失望的"不是"。

站在 2017 年回望过去，在整个 20 世纪 90 年代中，与其说基因治疗带来了希望，不如说带来了喧嚣和泡沫。是革命性的概念突破和随之而来的巨大商业利益在驱动着这个领域的大跃进，而不是清晰的临床结论。在整个 10 年里开展的全部超过 500 个基因治疗临床试验全部以失败而告终，没有一项顺利推进到大规模临床应用阶段。甚至 1990 年安德森医生得出的历史性结果，在事后审视时也充满疑问。是的，德希尔瓦至今仍健康地生活着，但是因为人类白细胞的寿命只有数月，因此她需要每隔几个月利用基因治疗"修改"新生的、带有致病腺苷脱氨酶基因的白细胞才能维持健康，这使得基因治疗"一劳永逸"的许诺成了空头支票。与此同时，她仍然需要定期注射长效腺苷脱氨酶蛋白。因此，她的康复本身到底在多大程度上可以认为是基因治疗的成功，又在多大程度上代表基因治疗真正具备了临床意义，仍然难以清晰界定。

为什么？基因治疗的逻辑我们已经看得清清楚楚，无非就是"缺啥补啥"，给患者体内引入一段具有正常功能的基因序列（见图 2-11）。

安德森医生的临床治疗方案似乎也无懈可击，既然德希尔瓦体内的白细胞缺少了功能正常的腺苷脱氨酶基因，那就给基因动手术，帮她获得新的腺苷脱氨酶基因。一切都顺理成章。按照这样的逻辑走下去，更多的单基因遗传病，甚至是多基因遗传病，都可以得到水到渠成的治疗啊。

魔鬼藏在细节里。在讲故事的时候，我有意忽略了一个重要细节：安德森医生到底是怎么把腺苷脱氨酶基因重新引入德希尔瓦体内的呢？

要知道，把一个特定基因放回人体细胞的难度，要远远大于注射一些蛋白质给人体。注射蛋白质，技术上可以看作是一枚金属针头就可以解决的问题，并不比我们在医院注射室打疫苗或者注射抗生素复杂多少。但是把一段 DNA 序列重新放回人体细胞，不管是从空间尺度上还是规模上都要艰难许多。我们总不能把患者的细胞全部取出，然后用针头一个个地显微注射吧？要知道人体的细胞数量可是以百万亿计数的！还是以重症联合免疫缺陷病为例，想要有效控制这种疾病，需要在患者体内大量的白细胞中同时引入腺苷脱氨酶基因。如果动手术的细胞数量不够，能够合成的正常腺苷脱氨酶数量也就会很有限，根本达不到治疗疾病的目的。

那么，安德森医生究竟是用什么神奇的方法，将腺苷脱氨酶基因同时引入到大量人体白细胞中的呢？

在实验室研究中，生物学家其实已经发展了不少将外源基因引入细胞的人工方法。比如我们可以通过电击在细胞膜表面产生微小的穿孔，从而允许 DNA 分子自由进入。我们也可以将 DNA 放入由脂类分子包裹的微小颗粒内，通过细胞膜融合进入细胞，等等。但是面对大量的人类细胞，类似的操作仍然显得效率过于低下。因此，在临床应用中，安德森医生还是要借助大自然的力量。

和上面提到的利用微生物帮助我们制造蛋白质的思路类似，安德森医生手中利用的大自然的力量，也是来自某种生物——让许多人谈之色变的病毒。这种微小的生物能够准确定位人体细胞，并将一段 DNA 送入细胞内。

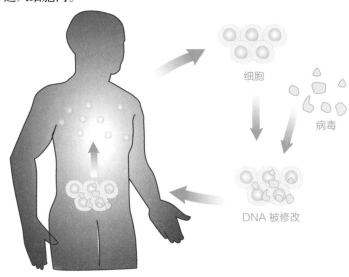

图 2-11　基因治疗的逻辑

首先，将特定的人体细胞从体内取出，利用病毒工具将 DNA 片段送入细胞内，再将接受过基因编辑、部分恢复正常机能的细胞送入人体。

也正是这种微小的生物和它们难以捉摸的脾气，让尝试基因治疗的科学家和医生在接下来的 10 年内吃尽了苦头，毫不留情地戳破了基因治疗的玫瑰色泡沫。

成也病毒，败也病毒

科学家和医生利用病毒作为基因治疗的"搬运工"，将特定的DNA序列引入人体细胞中。这个选择不是没有道理的，与人类发明的各种微量DNA运输工具——针头、电击或者脂质颗粒——相比，病毒简直是天生的基因运输能手。

病毒是地球上最微小的生命。绝大多数病毒颗粒的直径都不会超过300纳米，上千个病毒颗粒堆起来的大小还比不上我们常说的"微生物"细菌。在这么小的尺寸里安置一个有机生命是一件异常困难的任务，所以漫长的进化史中留下的是极简和最优化的生命设计蓝图。

绝大多数病毒的结构都非常简单，外层是由蛋白质颗粒紧密连接形成的空心球状外壳，坚硬的外壳内部保护着病毒的遗传物质。有的时候，病毒最外面还会包裹着一层薄薄的脂质分子。不过，不同于细菌、豌豆和人类总是用DNA双链螺旋来储存遗传信息，病毒的遗传物质复杂多变，可以是双链DNA，也可以是单链DNA，甚至还可以干脆就是RNA。但在区区几百纳米的空间里，DNA或RNA序列所能携带的遗传信息是非常有限的。举例来说，流感病毒拥有11个基因，HIV仅拥有9个基因（见图2-12）。考虑到这两种病毒每年都会在全世界夺走上百万条人命，它们的遗传物质的机能实在是惊人得高效。

不过无论如何，这么区区几个基因其实远不足以支撑一个有机生命。作为对比，人类基因组有两万多个基因，小麦基因组里的基因数量有大约 10 万个，即便是微小的细菌也有数千个基因。那么，仅靠如此精简的遗传信息，病毒是如何存活繁衍的呢？

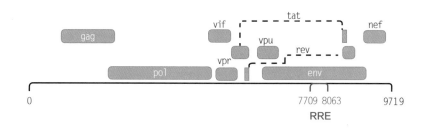

图 2-12 HIV 的基因组模型

HIV 的基因组由 9 000 多个碱基组成（是人类基因组的三万分之一），有 9 个基因（是人类基因组的万分之三）。图中每一个蓝色方框及其对应的三个字母简称（例如 gag）就是一个基因。可以看到，HIV 的基因还有相当程度的重叠，其信息存储的高效性令人印象深刻。

利用几个或十几个基因就可以兴风作浪，病毒实乃借力打力的高手。病毒的生活史可以被分成截然不同的两个阶段。在无机环境中的病毒颗粒其实可以被当作非生命来对待，比如空气中、土壤里、水里的流感病毒或 HIV 颗粒（见图 2-13），本身无法进行任何新陈代谢和生殖繁衍。如果保存条件合适，这些病毒颗粒可以千秋万代地稳定存在下去，就像我们身边的石头。只有进入到其他生物的细胞内之后，病毒才会借助宿主细胞本身的大量基因，开启自己专属的生命活动。连复制自身基因、繁衍后代的活计，病毒也都需要宿主的"帮忙"。病毒是真正字面意义上的寄生虫。

以我们反复提到的 HIV 为例，这种病毒其貌不扬，看起来就是一个直径 120 纳米左右的球体。这个球体的最外层包裹着一层薄薄的脂质分子（接下来你会明白这层脂质分子从何而来）。脂质层上镶嵌着几个病毒自身制造的蛋白质分子。脂质层下方是致密的病毒壳体，壳体内部包裹着两条单链 RNA 分子和另外几种病毒自身制造的蛋白质。病毒的所有 9 个基因就定位在这两条单链 RNA 分子上。

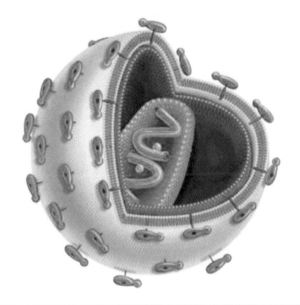

图 2-13　HIV 病毒颗粒结构示意图

最外层黄色的是脂质分子层，上面还插着紫色的病毒蛋白，这些蛋白将会帮助 HIV 找到它们的 "家"，也就是人体的免疫细胞。脂质分子层内包裹着蓝色的病毒蛋白质外壳和红色的病毒单链 RNA 分子。

很多读者早已知道，HIV 的 "专属" 宿主细胞，是某一类特别的人体免疫细胞。当 HIV 从休眠状态中醒来时，HIV 脂质外层上的蛋白质能够特异性地和人体免疫细胞表面的几个蛋白质（其中就包括 "柏林病人" 故事中讲到的 CCR5 蛋白）相结合，从而准确地为 HIV 找到可以栖身的宿主。当 HIV 精确定位到人体免疫细胞表面后，HIV 的脂质外膜就会和人体细胞的脂质外膜融为一体，就像两个肥皂泡融合成为一个更大的肥皂泡一样。HIV 病毒颗粒内部的蛋白质和 RNA 分子就得以从容地进入人体细胞内部。之后，在一系列复杂的生化反应中，以病毒的 RNA 分子为模板，一条碱基序列和与之精确互补的 DNA 分子会被生产出来，被运送到免疫细胞的深处，插入人体细胞的基因组 DNA 长链之上。

顺便插一句话，这种从 RNA 到 DNA 分子的信息流动，恰好和"中心法则"所指明的信息流动方向相反。在"中心法则"中，以基因组 DNA 为模板制造 RNA 的过程被称为"转录"。因此，用 RNA 制造 DNA 的过程也就被恰如其分地称为"逆转录"。在地球上的生命中，有且仅有一小部分病毒能够启动这种非常特别的生物过程，其中就包括 HIV。而实际上，一类有效治疗艾滋病的药物也正是利用了这一点，通过抑制病毒的逆转录过程，我们就能够在不干扰人体自身机能的条件下——因为人体细胞正常状态下根本不存在逆转录这一生物过程——高效抑制 HIV 的复制和扩散。

在上述步骤完成之后，就可以说 HIV 已经成为人体免疫细胞的一部分了。每一次免疫细胞复制的时候，都会依样画葫芦地帮助 HIV 也复制一套专属于它的遗传物质。如果 HIV 启动它的繁衍程序时，它就可以利用隐藏在人体基因组 DNA 深处的遗传信息，让人体细胞为它合成病毒的各种必需蛋白质，为它准备病毒颗粒的 RNA 遗传物质，甚至让人体细胞为它们组装出完整的病毒颗粒来！一旦时机成熟，这些病毒颗粒就会在细胞膜上"顶"出一个小鼓包，然后裹着一团人体细胞的细胞膜呼啸而去，留下千疮百孔的免疫细胞。看到这里，你应该明白为什么 HIV 能够破坏人体的免疫机能，又为什么那些天生带有 CCR5 基因突变的幸运儿可以终身避免 HIV 的侵犯了吧。

病毒毕竟不是我们故事的主角。让我们把话题收回来一点，继续说说基因治疗。

你是不是已经意识到了些什么？没错。能置人于死地的 HIV，似乎恰好能够满足向特定细胞运输特定基因的需要啊！HIV 脂质外层上镶嵌的蛋白颗粒能精确定位人体的免疫细胞，HIV 也能够将自身的遗传信息有机整合在人体细胞的基因组 DNA 之上。那么，如果有一个办法能够把腺苷脱氨酶基因放入 HIV 的单链 RNA 分子内，不就可以用 HIV 帮助我们入侵重症联合免疫缺陷病患者的免疫细胞，帮助我们将救命的腺苷脱氨酶基因片段一劳永逸地插入患病细胞的基因组，帮助患者的免疫细胞开始源源不断地生产具备正常功能的腺苷脱氨酶了吗？

故事讲到这里，基因疗法的缺环几乎都被补上了。1990 年安德森医生开展的历史性试验，几乎就是我们刚刚描述过的样子。

当然了，会导致艾滋病的 HIV 还是太过危险了。最终科学家们选定的是一种名为莫罗尼小鼠白血病病毒（moloney murine leukemia virus，见图 2-14）的家伙。这种病毒能够高效侵染啮齿类动物的淋巴细胞并导致白血病，但对人类淋巴细胞的侵染能力和致病性，相对来说就要好控制得多。

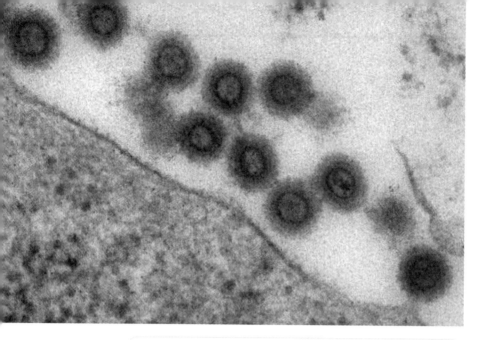

图 2-14　莫罗尼小鼠白血病病毒颗粒

可以看到，病毒颗粒比起动物细胞（左下角）来说要小得多。

　　不仅如此，为了保证更好的安全性，安德森医生还在 1985 年进一步改造了莫罗尼小鼠白血病病毒。他和其他合作者把莫罗尼小鼠白血病病毒中编码外壳蛋白的基因序列统统删掉了。这样一来，实验室生产出的莫罗尼小鼠白血病病毒固然可以定位和进入人体细胞，但是之后根据其携带的遗传信息制造出的病毒后代就再也不能制造出完整的外壳，也就再也无法组装出新一代的病毒颗粒了。这样就可以防止病毒自身在人体细胞里无休止地疯狂繁衍。它们被授权的任务只有一个，进入人体细胞，释放出科学家和医生们希望病人重新获得的遗传物质。

　　接下来当然就是把正常的腺苷脱氨酶基因放入莫罗尼小鼠白血病病毒的基因组中。和 HIV 一样，莫罗尼小鼠白血病病毒的遗传信息也是由单链 RNA 分子携带的。也和 HIV 一样，莫罗尼小鼠白血病病毒的遗传信息也会经由逆转录的过程，最终被整合在人体细胞的基因组 DNA 之上。到了 1986 年，安德森医生证明，利用这个思路，他可以在体外培养的动物淋巴细胞中重新导入腺苷脱氨酶基因，并使其恢复产生腺苷脱氨酶的能力。而在其后的数年中，安德森医生又在小鼠、绵羊等大小不一的动物体内进行了类似的试验。

此后发生的一切我们已经很熟悉了：1990 年的第一次人体试验、德希尔瓦和凯西克的康复、基因治疗时代的"开端"、世界各地的基因治疗狂热，以及狂热之后的一地鸡毛。

我们到底做错了什么？

看起来一切都没有问题，至少对于单基因遗传病患者来说，他们身体中某个基因的 DNA 序列发生了变异是板上钉钉的事实，这段基因编码的蛋白质出现了功能异常也是事实。那么给这些患者的细胞注入一段正常基因不是顺理成章的治疗思路吗？至少对于与人体免疫细胞相关的疾病来说，用能够精确识别免疫细胞的病毒来实现 DNA 的高效运输不是偷梁换柱的神来之笔吗？利用莫罗尼小鼠白血病病毒这样的逆转录病毒给基因动手术，将救命的基因插入患者细胞的基因组，难道不是一劳永逸的解决方案吗？

那时候人们不知道的是，除了运输基因的天才本领，病毒还会在人体内悄悄地做很多事情，这里面有一些无伤大雅，也有几件说得上是伤天害理。只可惜人们过了很久才真正明白这一点。

绝望后的希望

1999 年 9 月 17 日，18 岁的亚利桑那男孩杰西·基辛格（Jesse Gelsinger，见图 2-15）在美国宾夕法尼亚大学参加一项基因治疗临床试验时不幸去世。

自 1990 年安德森医生的历史性试验后，这是基因治疗诞生近 10 年间的第一例死亡病例，理所当然受到了生物医学界、产业界和普罗大众的关注。就在当年，

图 2-15　杰西·基辛格

杰西·基辛格的去世结束了从 1990 年开始的对基因治疗的狂热追捧。

《纽约时报》甚至用"死于生物技术"（a biotech death）来描述这场悲剧。

基辛格在出生后就小病不断。不仅如此，他的父母还发现他很不喜欢食用牛奶和肉类，只喜欢吃马铃薯等富含淀粉的食物。2 岁时，基辛格被诊断出患有罕见遗传病——鸟氨酸氨甲酰基转移酶缺乏症（ornithine transcarbamylase deficiency，OTCD）。简单来说，这种单基因遗传病破坏了基辛格的身体代谢和利用蛋白质的能力。如果蛋白质吃得太多，他的身体里将会迅速积累大量氨分子——一种蛋白质代谢的副产品，从而危及生命。

依靠对蛋白质摄入的严格控制和全面的药物治疗，基辛格还算是磕磕绊绊地长大成人了。但进入青春期的他开始对自己与生俱来的恼

HUMAN GENE EDITING

上帝的手术刀
基因编辑简史

人疾病、日夜不断的服药（严重时他甚至需要每天服用 50 片药片），以及一年到头不断地需要因为这样或那样的意外情况住院治疗感到厌烦。与此同时，一直照顾他生活的父亲面对月复一月的高额医疗账单也一筹莫展。他的父亲离婚又再婚，需要照顾两个家庭 6 个孩子的压力可想而知。

就在疾病将要碾碎这个孩子和整个家庭的边缘，基辛格一家偶然听说，在美国东海岸的宾夕法尼亚大学，一项针对鸟氨酸氨甲酰基转移酶缺乏症的基因治疗临床试验正在招募患者。

后来发生的一切都显得那么顺理成章：1999 年 6 月，基辛格高中毕业，一家人利用暑假前往纽约的伯父家度假。假期结束后，基辛格独自前往位于费城的宾夕法尼亚大学，正式签订了参加临床试验的知情同意书。他被告知，他将要参加的仅仅是最早期的临床试验。在此试验期间，医生们将要为他注射没有携带任何救命基因的"空"病毒，这种病毒载体内并没有救命的鸟氨酸氨甲酰基转移酶基因。试验的目的仅仅是为了检验整个流程——从病毒制作到输入人体——的安全性。真正检验治疗效果的试验尚未开展，但基辛格最终还是决定加入。

据他的好朋友回忆，基辛格在签字之后曾经说起，最坏的结果"无非是我会死，而这至少能够帮助（患有同样疾病的）孩子们"。我们已经很难猜测这个年轻的病人说这番话时的心情，是调侃、是厌倦、是乐观，还是对未来的无所畏惧？

就在接受病毒注射的 9 月 13 日当晚，基辛格便陷入高烧和深度昏迷。在几天之内，他的多个脏器出现严重衰竭。9 月 17 日，基辛格被宣布脑死亡。年轻的他还没有来得及说出任何感受。

数周之后，基辛格的骨灰被装进他留下的堆积如山的空药瓶中，由父亲和亲友们带上海拔 2 700 多米的赖特森山，撒向他生前最喜欢眺望的山谷。杰西·基辛格的死亡，使人们对基因治疗的狂热迅速降温。

由多方参与的事后调查发现，宾夕法尼亚大学的临床医疗团队在组织临床试验的过程中存在明显的违规和过失行为。例如，美国食品和药品管理局明确规定，参加临床试验的病人必须由临床医生，而非临床试验的主持者招募，以避免病人受到临床试验研究者的蛊惑或诱导。而在基辛格的案例中，这名男孩却是由临床试验的主持人之一，马克·贝特肖（Mark Batshaw），直接通过互联网招募来的。很难说在此过程中，基辛格是否受到了各种误导性信息的干扰。

而更为严重的还有病人的知情权问题。在整个临床试验开始前，研究者其实已经发现，他们用到的病毒颗粒会造成实验猴子的严重肝损伤；甚至在基辛格本人接受"空"病毒注射之前，已经有 17 位患者接受了注射，其中已经有一位患者出现了严重的肝损伤！这些信息足以说明该项试验本身存在严重的临床风险，理应在试验开始前告知受试者。但是这些信息却从未正式告知任何一名参与临床试验的患者，包括基辛格在内。这些伦理和法规问题一经公开，立刻引发了公众和监管部门对基因疗法的广泛质疑。

在监管问题背后，更深层的科学问题是，为什么病毒注射会导致这么严重的损伤？这些经过改造的病毒颗粒不是应该非常安全吗？科学家赋予它们的唯一使命，不就是把一段基因送入患者的细胞吗？

直到此时，科学家和医生们才如梦初醒。在长达10年的时间里，他们被基因治疗的狂热蒙蔽了双眼。他们梦想着用这种方法攻克一个又一个的顽固遗传疾病，他们被病毒传输DNA的神奇能力所折服，却忽略了一个人们早就知道的问题：当我们的身体发现病毒之后，会作何反应？

与各种微生物进行战斗贯穿了高等生物的整部进化史。微小的病毒、细菌和真菌希望栖身于人体的各个角落，利用人体资源完成自身繁衍生息的使命。而人体自然也希望及时发现和清除这些烦人甚至威胁健康的小东西。当病毒侵入人体之后，人体的免疫系统会迅速识别病毒，释放出大量"杀伤性武器"，一种名为细胞因子的蛋白质会进入被病毒侵染的组织，这些细胞因子吹响了抵御病毒入侵的号角。它们能迅速扩张血管、增强血管通透性、提高组织温度，引导专一杀伤病原体的免疫细胞大军进入该区域。而进入该区域的免疫细胞还会进一步释放更多的细胞因子，把战斗的号角吹得更加嘹亮。因此，在短时间内人体就可以有效地在被感染部位募集巨量免疫细胞，对病毒颗粒形成围攻态势。

可以想象，迅速聚集的细胞因子和免疫细胞必须得到妥善的"分流"和"降温"，否则它们所蕴含的巨大破坏力将会转而杀伤人体本身的细胞和组织，"入侵者"和"良民"将会玉石俱焚。实际上，许多感染性疾病之所以凶险致命，并不是因为病毒本身，而是因为人体免疫系统对病毒的剧烈反应。大家可能都很熟悉的H5N1型禽流感正是这样一个例子（见图2-16）。H5N1禽流感病毒可以在人体肺部引发爆炸式的免疫反应。短时间内，上百种细胞因子在肺部集中释放，造成肺部乃至全身器官的功能衰竭，这也是H5N1禽流感高致死率的原因所在。

图 2-16 2011 年香港 H5N1 禽流感爆发

禽流感大爆发期间，检疫人员大规模扑杀患病的家禽。H5N1 禽流感的高致病性和致死率，正是由于引发了人体器官剧烈的免疫反应。

事后对基辛格的遗体进行的分析也表明，正是病毒引发的强烈免疫反应最终导致了基辛格的"生物技术"死亡。医生们甚至推测，基辛格很可能此前曾经感染过某种类似的病毒，因此他的免疫系统对同类病毒的反应更加激烈和敏感。这也解释了为何在 18 名接受一期临床试验的患者中，只有他不幸去世。

基辛格的死对整个基因治疗领域的影响是极其深远的。在基辛格去世后，任何基因治疗的设计者和执行者，都必须如履薄冰地应对随时可能出现的人体过激免疫反应。尽管在理论上，我们可以通过挑选和修改病毒载体，尽量降低免疫反应的可能。但由于患者之间巨大的个体差异以及人体免疫系统的极端复杂性，想要完全避免免疫反应的发生，实际上是非常困难的。

换句话说，经由基辛格的悲剧，人们终于意识到基因治疗不是可以任由科学家和医生们随意挥舞的神奇手术刀。有一些人类还远没有完全理解的生物学机制，为基因治疗的全面应用套上了紧箍咒。

而这还远不是最坏的结局。2003 年，另一场悲剧又一次沉重打击了基因治疗领域，将拥护者们残存的乐观情绪冲击得灰飞烟灭。一份来自伦敦和巴黎的报告声称，有 5 名正在接受基因治疗的儿童患上了白血病！

这项注定要伴随着欢呼与泪水而被载入史册的临床试验开始于 1997 年。受到 1990 年安德森医生历史性试验的鼓舞，伦敦和巴黎的医生们也计划用同样的病毒载体（莫罗尼小鼠白血病病毒）治疗儿童的重症联合免疫缺陷病。唯一的不同是，这些孩子的疾病不是由腺苷脱氨酶基因缺陷引起的。在他们身体里，一个名叫 IL2RG 的基因出现了突变缺陷。因此，他们身患的疾病也被称为 "X- 连锁重症联合免疫缺陷病"（SCID-X1）。

在安德森医生试验的基础上，伦敦和巴黎的医生们做出了一项重要的改进。他们认为这样的改进能够更好地战胜遗传病。然而事后证明，这项改进恰恰成了白血病的元凶，而背后的罪魁祸首仍然是医生们手中的病毒，他们所仰仗的基因运输工具！

你们可能还记得，在 1990 年安德森医生的试验中，医生们需要首先从患者血液中提取大量白细胞，然后在体外利用莫罗尼小鼠白血病病毒感染这些细胞，将腺苷脱氨酶基因重新送回这些细胞，之后再将这些细胞放回人体。这样的好处是操作比较简单，因为白细胞可以直接从血液中纯化出来，同时也相对安全——不需要把病毒颗粒直接注入人体，可以避免免疫反应。而带来的问题就是必须每几个月重复一次类似的手术操作，因为血液中的白细胞平均只能存活六个月到一年。

为了改进手术流程，欧洲的医生们决定直接对白细胞"工厂"下手。他们从小病人的骨髓里提取出造血干细胞并施以基因治疗。这些改造后的造血干细胞重新回到人体后，可以源源不断地制造新生的、功能正常的白细胞。因此，小病人们理论上就不需要反复接受基因治疗了。医生们期待，经过一次基因治疗的小病人可以受益终身。但在事后来看，这一治疗方法的改进恰恰导致了白血病的诅咒。

1999 年首例手术开展之后，耐心的医生们等了足足两年半时间持续追踪所有的小病号，在 2002 年，他们终于确信，所有病人的免疫机能都得到了良好的恢复，没有观察到任何严重的副作用。于是医生们在当年 4 月的《新英格兰医学杂志》上发表了临床数据，并特别指出，针对造血干细胞的基因操作，将大大推动对罕见遗传病的治疗。

而仅仅数月之后，2002 年秋天，其中一位男孩被确诊为白血病。到 2003 年秋天，所有接受基因治疗的小病号中，有 5 位被确诊为白血病！一直没有放松警惕的医生们迅速找到了原因。和基辛格案例类似的是，这一次不幸的源头仍然是病毒。而具体的原因，至少在理论上，科学家们同样早已知道！

我们已经讲过，安德森医生在 1990 年使用的病毒载体——莫罗尼小鼠白血病病毒，是一种逆转录病毒。它所携带的遗传物质是单链 RNA 分子，在进入人体细胞后，需要先"逆转录"成 DNA 分子，插入人体基因组 DNA，才可以长期稳定地存在于人体细胞内。这个特性无疑正是安德森医生选中莫罗尼小鼠白血病病毒的原因之一：逆转录和插入人体基因组的特性能够将外源基因保存在人体细胞的基因组上，保证基因治疗的长期稳定性。

然而，一个长久以来被有意无意忽略掉的技术细节是，当外源基因插入人体基因组 DNA 的时候，它究竟会插到什么位置上去？我们已经知道，人类基因组 DNA 上也保存着关于我们每个人的遗传密码：身高、长相、血型、个性、智力，以及对各种疾病的易感性和抵抗力，都可以或多或少从基因组 DNA 携带的信息上找到根源。

因此，我们很容易想象，如果外源基因碰巧插入了人类基因组的重要区域，破坏了某个负责重要功能的基因，就有可能导致严重的疾病。事实上，这种用于基因治疗的莫罗尼小鼠白血病病毒本身，之所以被命名为当前的名字，就是因为当它入侵小鼠时会碰巧插入小鼠基因组 DNA 上一个名为 Bmi-1 的基因，从而诱发小鼠患上白血病。当莫罗尼小鼠白血病病毒被用于人体基因治疗时，它有可能插入和破坏一个名为 LMO2 的人类基因，而这个基因的异常激活和人类白血病密切相关。更要命的是，欧洲的医生们直接在患者的骨髓干细胞上动手，进一步强化了这种威胁！与血液中的白细胞不同，骨髓干细胞可以终身存活并持续不断地分裂产生白细胞后代。因此，骨髓干细胞的癌化会持续产生变异的白细胞，从而导致白血病。

就像基辛格的悲剧一样，错误在漫不经心的忽视和一叶障目的狂热中，一步步变成了命运。两场接踵而至的悲剧对整个基因治疗领域的打击是极其沉重的。一时间，人们都认为人体免疫反应的异常激活、逆转录病毒对人类基因组的插入和破坏，是"缺啥补啥"的基因治疗方案从根本上无法逾越的两大障碍。各国监管机构立刻采取行动，叫停了所有正在进行的基因治疗的临床试验，并组织了强有力的专门委员会，负责对基因治疗的临床申请进行审核。

当然，在严格审查之后人们开始认识到，绝大多数科学家和医生们的职业操守和专业技能是经得起考验的。与此同时，尽管大多数基因治疗的试验存在风险，但对于患者来说仍然是万分宝贵的治疗机会。因此，在叫停后不久，各国又陆续恢复了基因治疗试验。但是大众媒体铺天盖地的宣传已然在公众中造成了不可挽回的恐慌和不信任感。许多医生发现，他们进行试验想要招募患者越来越困难了。

其实很多时候，不切实际的狂热乐观和理想幻灭的万念俱灰，这两种截然相反的情绪反应其实是孪生子。当我们对一个东西抱有过度的热爱和憧憬的时候，很容易忘掉或忽视客观存在的问题和风险；而当客观现实无比倔强地证明自己的时候，一直沉浸在幻想中的人们很容易直接坠入漆黑无比的绝望深渊。和所有时候一样，科学和理性是对抗这两种极端情绪的最佳武器。

因此，在公众陷入绝望的时候，科学家们往往是，也义不容辞应当是最早恢复战斗状态的人群，他们肩负着在质疑和批评声中寻找希望的重任。

首先是全面和冷静的分析。2002 年之后，医生们对当初接受基因治疗的 20 个小孩子的健康状况进行了持续追踪。5 名罹患白血病的孩子，有一位不幸去世，其他 4 位在接受化疗后痊愈。所有这些幸存的孩子，在 10 年后仍然健康如故。对骨髓干细胞进行基因治疗，确确实实成功治愈了他们的严重免疫缺陷。从这个角度出发，这种治疗方法确实如医生们所言，比安德森医生的方法要进步许多。起码，孩子们不需要每隔半年就接受一次痛苦和危险的基因治疗了。

与此同时，对病毒载体的不断优化和改良也在世界各地的实验室里不间断进行着。科学家们首先改进了之前使用的莫罗尼小鼠白血病病毒，使其影响人类基因功能的可能性大大降低。与此同时，鉴于以莫罗尼小鼠白血病病毒为代表的逆转录病毒，在整合插入人类基因组时或多或少具备某些危险的专一性，无形中提高了它们诱导癌症的概率，科学家们把目光转向了其他种类的病毒。

2012 年，在两次悲剧打击下艰难复苏的基因治疗领域，终于迎来了第一个真正通过严苛的临床试验，进入市场的产品——Glybera（见图 2-17）。这种基因治疗药物用于治疗一种发病率仅有百万分之一的单基因遗传病——脂蛋白脂肪酶缺乏症。这种药物利用了一种新的病毒载体腺相关病毒（adeno-associated virus, AAV），将人类脂蛋白脂肪酶基因 LPL 重新放回患者的肌肉细胞内。在此之后，又有数个基因治疗产品迎着人们怀疑的目光，通过了安全性和疗效方面的严苛考验。2016 年，有 2 000 多个基因治疗的临床试验在全球范围内同时展开。这个曾经被很多人寄予厚望，又被许多人宣判死刑的领域，又重新活了过来。

图 2-17　Glybera

有史以来第一个正式上市的基因治疗药物，用于治疗极其罕见的脂蛋白脂肪酶缺乏症。这种药物于 2012 年上市，使用成本高达每人 110 万欧元，可能是现在世界上最昂贵的药物。

感谢科学的进步，感谢人类对基因、遗传病、病毒载体以及对免疫系统更深刻的理解，也感谢历次基因治疗的悲剧带来的教训，基因治疗重新开始了其漫漫征程。在绝望中从未停止努力的生物医学界，又一次重新带给全世界许许多多受到单基因遗传病困扰的患者们以希望，使他们得以战胜病魔，重获新生。让我们祝他们好运！

03

黄金手指

"缺啥补啥"遇到的新问题

诞生于 1990 年的基因治疗可谓命运多舛。在万众瞩目中降临世间的她，羽翼尚未丰满就遭遇了一连串打击，甚至带走了许多人的性命。一路跌跌撞撞走来，尽管人们对她仍然抱有美妙的期待，但是受限于病毒载体对人体免疫系统的攻击，受限于病毒对人类基因组序列的潜在危害，同时也受限于我们对复杂疾病遗传因素的理解，基因治疗技术的大规模推广应用看起来仍然是个遥不可及的幻想。

除了我们已经讲过的技术局限性之外，基因治疗还面临着另一重难以逾越的障碍。大家可能还记得，前面故事里讲到的基因治疗的应用场景，无一例外都是某个重要的人体基因出现突变，从而丧失功能。德希尔瓦身体里的腺苷脱氨酶基因突变丧失功能，导致了严重的免疫系统缺陷。而基辛格罹患的疾病，是由于鸟氨酸氨甲酰基转移酶基因出现遗传缺陷，影响了机体对蛋白质的正常代谢所致。对于类似这样的存在基因功能缺陷的单基因遗传病来说，"缺啥补啥"是一个足够好用的治疗思路。基因不好用？没问题，再补一个好的基因进去就是

HUMAN
GENE
EDITING

上帝的手术刀

基因编辑简史

了！这个治疗逻辑虽然简单粗暴，但与营养不良就多吃点蛋白质、微量元素不足就吃微量元素片一样，确确实实能够挽救一些患有严重遗传病患者的生命。

在上面的故事里我们已经看到了"缺啥补啥"的一个与生俱来的技术问题。既然是"补"，那么我们必然需要给"补"进去的新基因在基因组上找一个落脚点。这个位置如果找得不够理想，甚至不小心破坏了人类基因组上某个原本正常的基因，基因治疗可能就会导致难以预料的新疾病。

而更进一步，如果某个遗传病不是因为某个基因出现缺陷、失去功能导致的，而是因为这个基因发生遗传变异，获得了某种不该有的新"功能"；或者增强了原来就有的旧"功能"，那么这种"缺啥补啥"的治疗思路就束手无策了。在这样的患者体内，其实并没有"缺"任何东西，反而是多出来了一些原本不该有的东西，要"补"也无从下手啊！

实际上，这样的单基因遗传病还真不少。例如，大家可能听说过鼎鼎大名的亨廷顿舞蹈症，这种疾病就是由于人体基因获得新"功能"导致的。亨廷顿舞蹈症可能是人类最早认识的遗传疾病之一，早在中世纪的欧洲就能找到相关症状的书面记载（特别是肢体不受控制地摇摆）。1872 年，美国医生乔治·亨廷顿（George Huntington）在研究中发现，亨廷顿舞蹈症存在明显的遗传性。如果父母一方或双方患有该病，其子孙后代也会有相当大的患病可能。在此之后，人们进一步明确了亨廷顿舞蹈症和人类四号染色体短臂上一个名为 HTT 的基因有着直接联系。

HTT 基因编码一种与之同名的蛋白质。这个 HTT 蛋白的确切功能，直到今天我们知道的都不是太多。但这个蛋白有一个惊人的属性，它能够与细胞内的许许多多（可能超过 100 种）蛋白质相互结合。因此人们猜测，HTT 蛋白可能是多种蛋白质分子的"载体"或"载具"，协助它们在细胞内的产生、运输、发挥功能、降解，等等。这个 HTT 基因有一个非常特别的属性。它的 DNA 序列中有不少 C-A-G 3 碱基的重复序列，根据中心法则，C-A-G 3 碱基组合正好可以编码一个特定的氨基酸——谷氨酰胺。因此，HTT 蛋白中也就相应地含有一连串的谷氨酰胺。细胞内负责 DNA 复制的蛋白质分子遇到不断重复的碱基序列时经常会出错。出错原因倒是不难理解，就像我们身处一座每个街区都长得一模一样的城市，大概也难免会有点路盲症吧。因此，每个人体内 HTT 基因上 C-A-G 重复序列的个数，也就是 HTT 蛋白中谷氨酰胺的个数，会多少有些不同，几个、十几个或二十几个重复序列都会出现。

一般而言，这些数量波动不太会影响 HTT 蛋白的正常功能。但是一旦 HTT 基因中 C-A-G 3 碱基重复的数量超过某个阈值，HTT 蛋白的功能就会被永久性改变。这些 HTT 蛋白当中的超长谷氨酰胺重复序列，具有一种可怕的能力：它们可以自发形成巨大的蛋白聚合体。许许多多 HTT 蛋白能够通过各自的超长谷氨酰胺重复序列两两交联，积沙成塔，构成一个巨大的蛋白三维网络。最终，这个密如蛛网的蛋白网会裹挟着其他与之相结合的蛋白质形成巨大的块状沉淀，在电子显微镜下清晰可见。伴随着这一过程，神经细胞的正常功能乃至生存就会受到严重干扰。随着病程的深入，大脑许多区域会随着神经细胞的不断死亡而萎缩并失去功能。其中突变 HTT 蛋白影响最深的区域叫作纹状体，它正是控制肢体运动的中枢之一（见图3-1）。因此，亨廷顿舞蹈症患者最早出现的症状正是肢体不受控制地随机舞动，而这也是这种绝症名称的由来。

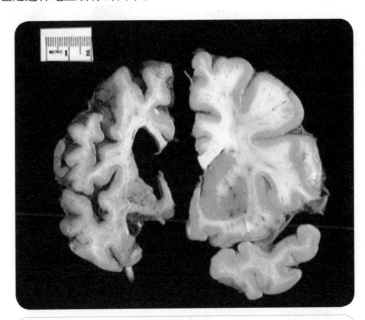

图 3-1　罹患亨廷顿舞蹈症患者的脑区会出现明显萎缩

从图中可见，亨廷顿舞蹈症患者（左）的脑体积明显缩小，相应的脑室（图中黑色的空腔）体积明显增大。

亨廷顿舞蹈症很好地诠释了一种无法靠"缺啥补啥"的思路解决的遗传病类型。在这种疾病中，遗传变异让 HTT 蛋白获得了某种它本来并不具有的对神经细胞危害甚大的新"功能"，这是一种通过超长谷氨酰胺链形成巨大的蛋白多聚体的能力（见图3-2）。我们很容易理解，单纯利用基因治疗的逻辑向患者身体内运送一个"正常"的 HTT 基因，是无法阻止细胞内原有的突变 HTT 蛋白继续聚集沉淀的。

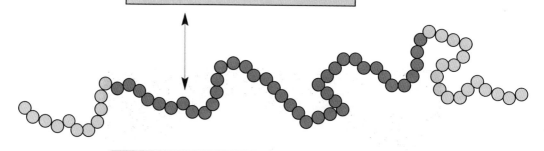

C-A-G-C-A-G-C-A-G-C-A-G-C-A-G...

图 3-2　亨廷顿舞蹈症的遗传基础

在患者体内，HTT 基因出现了大量的 C-A-G 3 碱基重复（37～80 个），从而导致 HTT 蛋白中出现了大量的谷氨酰胺重复（深色球体）。这种存在遗传缺陷的 HTT 蛋白会在细胞内形成块状沉淀，导致神经元的死亡和人体运动机能的失控。

那么我们该怎么办呢？"缺啥补啥"的粗暴手术思路不能解决问题，于是人们的目光开始转向对人类的遗传物质进行更为精细的手术操作。"基因编辑"的概念应运而生。

与传统基因治疗的思路不同，基因编辑的逻辑在于通过某种外科手术式的精确操作，精确修复出现遗传变异的基因，从根本上阻止遗传疾病的产生（见图 3-3）。从某种程度来说，传统基因治疗就像在给濒危建筑打加强筋、装防震梁，只要可以延长它的使用寿命就行；而基因编辑就像是要修葺故宫三大殿，需要严格按照原样"修旧如旧"，还需要把建筑中糟朽不堪的零件取出修缮甚至替换，再原封不动地安装回去，目标是让整座建筑精确地恢复原有的机能。两种思路从指导思想到技术路线的差异可想而知，而难度更是不可同日而语。

比如说，既然亨廷顿舞蹈症患者体内的 HTT 基因多了几个不合时宜的 C-A-G 碱基重复，那把多余的 C-A-G 重复删除掉就能治疗疾病。而基因编辑的用途显然不止于此。比如说，我们也知道，镰刀形红细胞贫血症患者体内的 HBA 基因上，第 20 位的碱基 A 被替换成了 T，我们只要找到这个错误的碱基，小心翼翼地把 T 重新换成 A 就万事大吉。以此类推，对于任何一种单基因遗传病，只要我们能够找到出现错误的 DNA 序列，精确地把错误序列修正，就可以治疗疾病了。

也就是说，基因编辑能解决传统基因治疗所解决不了的问题，就算是那些通过"缺啥补啥"的传统基因治疗思路能解决的问题，基因编辑也能解决得更精确、更漂亮。把它称为下一代的基因治疗只怕不算过分。唯一的问题是，到底怎么实现对基因的精确编辑呢？

仅从逻辑上说，编辑基因的任务并不复杂。实际上，如果把人类基因组 DNA 放大几亿倍——那么 DNA 会有几十万千米长，每个碱基分子就会有足球那么大了——基因编辑的手术操作将会变得非常简单和直观。我们只需要用肉眼寻找到 DNA 长链上需要编辑的位置，拿一把剪刀剪两个断口，把错误的 DNA 片段拿出来，换上正确的序列，再用针线缝补好就行了。

然而在纳米（十亿分之一米）和埃（百亿分之一米）的微观尺度下，别说肉眼能看到的剪刀和针线了，人类目前所能设计和制造的所有微型机器都显得过于粗大、笨重和低效率。先说锁定目标这一步，要知道，人类基因组 DNA 上约有 30 亿个碱基对，如果要通过阅读一个一个的碱基，在其中找到那个特别需要修正的"问题"碱基，一目十行也要读到头晕眼花甚至地老天荒才找得到。更不要说基因组 DNA 在细胞内形成了极其复杂的三维结构，即便是你愿意一个一个碱基按顺序读下来也做不到。再说修复这一步，用纯粹机械论的逻辑来规划，替换掉一个出错的碱基，至少需要这么几步：首先要用一双锋利无比、能剪长度只有几埃的化学键剪刀，把这个问题碱基前后相连的碱基咔嚓咔嚓剪掉；之后用一只机器手抓起问题碱基扔到垃圾桶，再抓来一个正确的碱基分子；最后，用无比精细的针线把这个新碱基重新与前后的碱基缝起来，让它们重新形成一条完整的 DNA 分子。这远远超越了人类当前的知识和技术储备。

不过聪明（或者说"懒惰"）的生物学家又一次成功地"投机取巧"了：和以往一样，他们借用了大自然的力量。他们没有闷头去设计可能永远也造不出来的纳米机器人，而是在自然界寻找亿万年进化

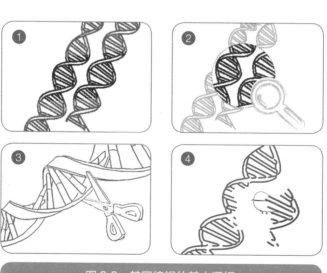

图 3-3　基因编辑的基本逻辑

①对于存在遗传缺陷的基因组，②需要首先定位出现错误的片段，③再将错误片段剪下，④并替换成正确片段。

中衍生出的天然剪刀、机器手和针线。

目前在生物医学领域大行其道的重要工具，绝大多数都来自大自然的鬼斧神工，而非实验室中的人工设计。前文中帮助我们传递救命DNA 的，是有着高超的细胞入侵能力的小小病毒。在全球数不清的生物实验室里，生物学家用一种能够在紫外光照射下发出幽幽绿光的蛋白质——绿色荧光蛋白——追踪细胞中各种物质的产生、运输和定位（见图 3-4）。绿色荧光蛋白并非人类的智慧创造，而是脱胎于一种能够发出幽幽绿光的海洋生物——维多利亚多管发光水母。

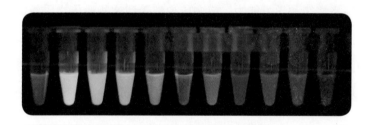

图 3-4　实验室中创造出的各色荧光蛋白
它们最早脱胎于维多利亚多管荧光水母体内天然存在的蛋白质——绿色荧光蛋白，今天已经成为生物学研究的利器。

在肿瘤科病房里，医生们用能够准确结合癌症相关蛋白的单克隆抗体治疗癌症。抗体分子之所以有特异识别和结合蛋白质的能力，是因为它们在生物体中本来就被用于高效识别入侵人体的各种抗原分子，铸成了人体免疫系统的钢铁长城。大家从新闻媒体上获知的转基因抗虫棉，是科学家们把一种由细菌天然制造的毒杀鳞翅目昆虫的蛋白质，通过转基因技术表达在棉花中实现的。甚至连植物转基因技术本身，很大程度上也依赖于一种天然能够感染植物并将自身遗传物质输入植物细胞中的生物——农杆菌。

而这一次，大自然又给我们送来了一根"黄金手指"——名为锌手指蛋白（Zinc Finger，学名锌指蛋白）的一种蛋白质分子。这根"黄金手指"的功能，就像是人类基因组中的 GPS。只要输入我们想要寻找的基因组序列，它就能够帮助我们快速而精确地定位。你们马上将看到，这种精确定位的能力，将成为整个基因编辑领域的基石。这根"黄金手指"，将会稳定地操起上帝的手术刀。

在本书的开头，我们已经讲过遗传物质对于生命现象的重要性。每个人独一无二的性状，从身高、体重到头发颜色、单双眼皮、血型，再到性格情绪和学习能力，或多或少都受到这些遗传物质的影响。在我们的每一个细胞深处，都包含超过 30 亿个碱基对、两万多个基因的人类基因组。它们负责制造数万种序列和功能千差万别的蛋白质，从而决定着每一个细胞、每一个组织和器官、每一个人类个体的性状。

那么问题来了。人体是由近百万亿个细胞构成的。每个细胞中存储的基因组 DNA 几乎是完全一致的，而每种细胞所合成制造的蛋白质却是千差万别的！红细胞制造大量的血红蛋白用于携带氧气，胰岛 β 细胞制造和分泌胰岛素调节血糖，毛囊细胞不停地制造角蛋白用于毛发生长……几乎一模一样的 DNA，是怎样指导了五花八门的蛋白质合成，从而衍生出了不同的细胞类型呢？

这背后的生物学机理可以写成一本厚厚的教科书，我就不在这里不自量力地展开陈述了。但有一个特别重要的机制不能不提：有一类被称为转录因子的蛋白质分子，它们表现得就像是基因组的活地图和开关一样。在不同种类的细胞中，它们能够寻找、定位并结合到特定基因的 DNA 序列上，控制基因在不同时间、不同地点、不同环境条件下生产 RNA 和蛋白质的速度。打一个过度简化的比方，同样的一套遗传物质之所以会让胰岛 β 细胞而不是毛囊细胞或者其他任何类型的细胞合成胰岛素，可能是因为有一个控制胰岛素基因开关的转录因子蛋白，仅仅存在于胰岛 β 细胞中。这个转录因子能准确识别并结合在胰岛素基因序列的附近，启动胰岛素基因表达和胰岛素生产。

可想而知，转录因子蛋白的看家本领，就是准确识别和结合特定 DNA 序列的能力（见图 3-5）。这一特性保证了转录因子可以精确地调控一个基因在不同时空中的活性。在下文中我们将会详细说明这一特性的临床意义。

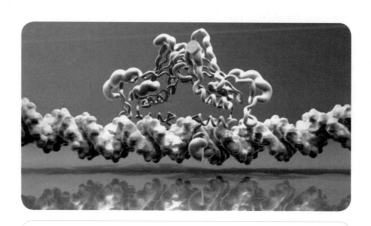

图 3-5　转录因子蛋白（紫色）结合 DNA 双链（绿色）的想象图

你可能已经想到，转录因子的这种精确定位能力，是不是可以帮助我们进行基因编辑呢？转录因子既然可以在人类 30 亿个 DNA 碱基对的海洋里准确找到它需要结合和调节的基因序列，这个能力能不能帮助我们找到需要定位和修改的缺陷碱基，从而修复病人身上的遗传缺陷呢？如果你能想到这个，其实已经很接近事实的真相了。不过，这里面还有一个明显的技术障碍。

要知道，转录因子和它们所负责的基因之间并不是一对一的简单对应关系。实际上，人体中存在的转录因子蛋白可能也仅有1 000多种，远少于人类基因的数量。因此，转录因子和基因之间往往有着复杂的对应关系，一个转录因子可能同时可以识别和调节几个乃至上百个基因表达，而一个基因的活性往往又受到好多个转录因子的共同影响。为了实现基因组的精确编辑，治疗单基因遗传病，我们需要的是能从30亿个碱基对中准确定位其中唯一的致病基因序列的方法。天然存在的转录因子的定位精度明显不够用。

但我们的"黄金手指"——锌手指蛋白有着无与伦比的奇妙特性。作为一类特殊的转录因子，锌手指蛋白当然可以定位基因组的特定序列。科学家们发现，如果对天然存在的锌手指蛋白拆散重组，可以获得全新的基因组定位能力。如果有足够大量的锌手指蛋白组合，我们甚至可以从中创造出针对任意长度、任意组合的碱基序列的锌手指蛋白来！"黄金手指"这个昵称，锌手指蛋白当之无愧。

里德先生的烦恼

这根神奇的"黄金手指"，到底是怎么精确定位DNA序列的呢？我们又为什么可以对它进行各种拆装组合，在人类基因组的30亿个碱基对里做到精准定位、指哪打哪呢？

在现代生物学和医学的历史上，很少有一个分子，能够用一己之力架起从最基本的生命现象到最强有力的疾病治疗之间的桥梁。事实上，人类探索未知世界的规律，以及利用这些规律更好地武装和造福自身的过程，总是充满了意外、挫折、惊喜和坚持，从来不是能够看完开头就猜出结尾的浪漫肥皂剧。而对热衷科普的笔者来说，这意味着在一个章节的篇幅里讲清楚从实验室到诊室的故事常常是一种无比艰难的体验。

所幸这一次，我们要讲述的是人类探索史上少有的浪漫轻喜剧。一个叫作 TFIIIA 的神奇分子，见证了几十年中一系列巧合以及巧合带给我们的惊喜。

故事得从 20 世纪 70 年代说起。

已经在美国中部久负盛名的华盛顿大学圣路易斯分校任教 4 年有余的罗伯特·里德（Robert Roeder，见图 3-6）有充分的理由志得意满。仅仅 30 岁出头的他在过去十几年的科学研究生涯中，几乎每一步都踩在了历史的鼓点上。早在攻读研究生期间，他就利用生物化学方法，首次从动物细胞中提取和纯化出了 RNA 聚合酶 I、II、III 三兄弟，这是三个能够以基因组 DNA 为模板，转录出 RNA 单链分子的蛋白质。你们可能马上会想到，这就是负责完成"中心法则"中从 DNA 到 RNA 的信息传递过程的蛋白质分子。

早在 20 世纪 50 年代，人们就已经提炼出了分子生物学的"中心法则"，认为基因组 DNA 正是通过转录（即基于 DNA 模板的 RNA 合成）和翻译（即基于 RNA 模板的蛋白质合成）两个步骤指导蛋白质生产的，从而决定了我们身体的万千性状。但是里德的发现第一次从物质层面说明了从 DNA 到 RNA 的信息传递到底是怎么完成的。里德发现的 RNA 聚合酶，就像流水线上的装配工人，能够根据图纸（DNA 上的碱基序列）将一个个碱基装配起来，连成一条长长的 RNA 链。

图 3-6 罗伯特·里德

由于在基因转录调控领域的杰出贡献，罗伯特·里德独享了 2003 年拉斯克基础医学研究奖。在同行眼里，他是一个勤奋、难以亲近，严谨到近乎刻板的老牌科学家。

里德这一里程碑式的发现迅速进入了教科书，至今仍是生物专业的大学生必修的基本概念之一。要知道，那个时候里德才不过 20 岁出头！而在里德拿到博士学位，来到圣路易斯开始自己的独立研究生涯之后，他和其他研究生、博士后们再接再厉，揭示了 RNA 聚合酶三兄弟的不同功能特性，圆满解释了为什么人类身体里需要三种，而不是一种 RNA 聚合酶。这背后的故事也同样引人入胜，但由于和本书的主题关系不大，这里就不多讲了。

然而，某种源自科学本能的挑剔精神始终在折磨着里德先生。

要知道，他是一个习惯于全天候工作、严谨得近乎刻板的生物化学家。里德的实验室数十年如一日坚持在周六清晨开例会，全然不顾学生们的抱怨和哈欠连天。更夸张的是，他习惯深更半夜打电话给实验室，一个挨着一个向学生询问，确认他们的实验进展。生物化学的训练和思维方式已经写进了里德的大脑和骨髓里。而现在，折磨他的也正是这个。

在一个古板的生物化学家看来，生命现象无非就是化学物质的反应，最多也不过是许许多多个化学反应而已。因此，生物化学家的最高理想，就是把生命体拥有的化学物质找出来，按照一定比例把它们混合在试管里，小心模拟细胞内的环境条件（像是温度、酸碱度、各种离子的浓度等），在试管中重新"创造"代表生命现象的化学反应。对于生物化学家来说，每次在试管里重建出一个生命体内存在的化学反应，理解这个生命过程的化学本质，他们就距离理解生命的秘密又近了一步。

作为一个正统的生物化学家，里德从 1973 年开始一直在努力做这样的事情。他和学生用非洲爪蟾的卵作为原料（这是一种个头很大的细胞，因此可以提供较多生物化学反应的原材料），从中提纯出他在学生时代就已经发现的 RNA 聚合酶 III。之后，他们又想办法把细胞中的 DNA 分子给提纯出来。在一个生物化学家的世界里，把 RNA 聚合酶 III 和染色体 DNA 混合在一起，再在试管里放上足够量的单个碱基——有了图纸、原材料和装配工，"砰"的一声，RNA 长链应该就会被合成出来。

里德没有猜错。1977 年，他和自己的博士后卡尔·帕克（Carl Parker）发表了一篇学术论文，令人信服地说明了 RNA 聚合酶加上 DNA 再加上单个碱基分子确实会生产出 RNA 分子来。新生的 RNA 分子在 X 光胶片上清晰可见，这标志着生物化学家在解构生命现象的战斗中，又一次取得了辉煌的胜利。然而，这个胜利在里德看来绝对算不上干净利落。

问题在于，他们实验中所用到的 DNA，并不是一条光秃秃的 DNA 分子，而是一种叫作染色体的东西。这个词在前面的章节里已经出现过，可能大家都还不陌生。所谓染色体，指的是基因组 DNA 分子在细胞核内和许许多多蛋白纠缠在一起，折叠、缠绕、扭曲形成的复杂结构（见图 3-7）。呈双螺旋结构的 DNA 链条可以很长很长。如果把人类基因组 DNA 分子拉直放平，总长度大概有两米开外，而直径只有不值一提的数埃。这样细长的东西是无论如何也塞不进小小的微米尺度的细胞核里去的。所以在细胞内，DNA 分子需要结合各种各样的蛋白质分子，经历好多重折叠和包装之后，才能形成直径达到微米数量级（扩大了上万倍），而长度缩小到微米数量级（缩小到原来的百万分之一）的结构，被安放到细胞核内。

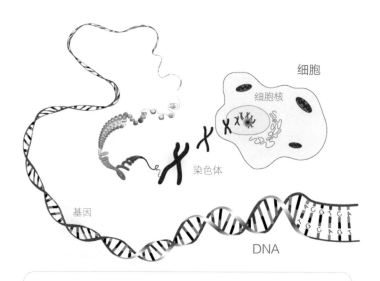

图 3-7 染色体 DNA 的复杂结构

长长的 DNA 双链与不同的蛋白质分子缠绕、折叠、扭曲之后化身矮胖的 "X" 形染色体，得以藏身在小小的细胞核内。

　　证明了 RNA 聚合酶加上染色体 DNA 能够在试管内启动制造 RNA 的生物化学反应，显然不能让严谨的里德先生满意：天知道染色体 DNA 上还结合携带了多少种不为人知的蛋白质！在生物化学家的世界里，一个完美的实验应该是干净纯粹的，如果试管里仅有 RNA 聚合酶、单个的碱基分子和"干净"的 DNA 长链，这时候看到的 RNA 转录才是真正令人信服的，不是吗？

　　但是从此里德的麻烦也来了。里德和帕克在 1977 年也发现，如果用化学方法去掉基因组 DNA 分子上结合的所有蛋白质，只留一条光秃秃的 DNA 分子链，整个试管"生命"系统就失灵了！他们在试管里加上更多的 RNA 聚合酶和更多的碱基分子，也无法生产出 RNA 来了。这个发现说明，他们解构生命现象的功夫还没有做到家。很明显，对于 RNA 生产来说，除了 DNA、RNA 聚合酶和碱基原材料，至少还有一些重要的东西隐藏在黑暗中。这些被忽略的东西偷偷地隐藏在染色体之中，很有可能就是某个能够和 DNA 结合的蛋白质分子。这样就能解释为什么比较"脏"的染色体 DNA 能够在试管里指导 RNA 生产，而"干干净净"的 DNA 分子就不行。

这种未知蛋白质是什么呢？怎么把它找出来，最终在试管里人工重现 DNA 转录的整个过程呢？在接下来的三年里，里德实验室的目标很简单：把这种未知物质找出来！他们用的方法是这样的：首先，他们准备好一批不含杂质的纯净 DNA 分子，把它们和碱基以及 RNA 聚合酶预先混合起来。然后，他们把细胞打碎，收集其中的所有蛋白质，然后利用蛋白质的大小和化学性质的不同，把它们分成几十个不同的组分。最后，他们再把分离出的不同蛋白组分，加到预先混合好的 DNA、RNA 聚合酶、碱基溶液里，看看是否能观察到 RNA 生产。如果发现某个蛋白质组分确实具备这种能力，就把这个组分的蛋白质继续分离成更小的组分，然后继续丢到试管里看是否能产生 RNA，就这么周而复始地细分下去，直到他们最终找到一种能够开动 RNA 生产线的蛋白质。

这是件极其烦琐但又非常聪明和有效的事情。我们可以用一个寻找龙珠的故事来把它讲得更清楚些。给你 10 000 颗传说中的龙珠，只有一颗能召唤神龙，其他的 9 999 颗都是鱼目混珠的假货。现在，我要求你从中找出唯一一颗能够召唤神龙的真货，你该怎么办呢？一颗一颗慢慢试下去是不被允许的——神龙很快会等得不耐烦，你自己的人生也有限。更好的方法是一批一批试。比如说，你可以先把龙珠按照个头大小分成 10 组，每组大约 1 000 颗吧，一卡车一卡车地运给神龙看。好，原来是 3 号卡车里的龙珠有魔法，可以召唤神龙。那就好办了，你再根据颜色把这 1 000 颗继续分成 10 组，一笸箩一笸箩装给神龙看。好，现在是红色的那个笸箩有召唤技能。接着，你可以再根据珠子的质地分组、根据珠子的重量分组……按照这个逻辑每次 10 组分下去，你只要分类 4 次，就可以很快找到 10 000 颗龙珠中间真正能召唤神龙的那一颗（10^4=10 000）。

里德他们寻找开启 RNA 生产线的蛋白质的方法，就和找龙珠的方法差不多。

当然，具体到细胞内的上万种蛋白质，如何对它们进行分类，又如何保证不同轮次的分类能够用上不同的标准（从龙珠的故事里你可以想象，如果每次都根据个头大小分类，分着分着龙珠就不可能再继续分开了），这里面的学问可就大了。从哪里搞到那么多蛋白质？每次按照什么标准分组？分几组？怎么测试它们能否激活 RNA 的合成……这是最考验神龙召唤者，啊不，生物化学家的时刻。里德实验室成员深厚的生物化学功底帮助了他们。最后，在 1980 年，寻找"龙珠"的努力终于开花结果了。

在当年发表的几篇学术论文中，里德和他的学生们发现了一系列能够帮助 RNA 聚合酶在裸露的 DNA 分子上启动 RNA 合成的"辅助"蛋白。这些蛋白质分子被赋予了一个全新的名字——转录因子——恰如其分地反映了它们对 DNA→RNA 转录过程的重要性。这个新发现终于解决了困扰里德多年的烦恼。现在，他们终于找到了最精简的一条 RNA 生产线，这条线只需要图纸（DNA）、装配工（RNA 聚合酶）、助手（转录因子）和原材料（碱基）就够了。

其中一个这样的转录因子叫作 TFIIIA，这个名字简直和里德的个性一样古板无趣。TF 正是转录因子英文名称 transcription factor 的缩写，III 代表这个转录因子是 RNA 聚合酶 III 的助手，而 A 则表明这个蛋白是人类发现的第一个此类分子。仅此而已。单单从名字上，大家大概很难看出 TFIIIA 就是故事里的那根"黄金手指"，更想不到 TFIIIA 的发现无意间打开了基因组精确编辑的大门吧！

就在 1980 年 TFIIIA 被发现的时候，里德他们就已经注意到，这种转录因子有个异常有趣的特性。和同时期他们发现的许多转录因子不同，TFIIIA 并不能帮助所有 RNA 分子转录。它仅能帮助一种非常特别的 RNA（名为 5S RNA）的生产，对于其他基因生产 RNA 的过程则完全袖手旁观不感兴趣。里德他们的进一步研究表明，TFIIIA 能够紧密地结合 DNA，而且恰恰就结合在编码 5S RNA 的那一段 DNA 序列上！那么，有一个很简单的解释就是，TFIIIA 蛋白其实就是通过识别和结合 5S RNA 基因序列，起到开启 5S RNA 转录的作用的。很可能的是，它在结合 5S RNA 基因序列之后，能够在这段 DNA 上动点什么手脚，如赶紧召唤 RNA 聚合酶开始装配工作，或者调配来足够量的碱基原材料，从而启动这个基因的表达。

那么 TFIIIA 到底又是怎么找到基因组 DNA 上的特定基因的呢？在几十亿个碱基对里，它怎么就能一眼识别出 5S RNA 基因的序列特征呢？之前我们说过，就是依靠人眼一目十行地看也得看上好几年，还不知道会不会看了下面忘了上面，凭什么 TFIIIA 就能百发百中呢？

这个问题理所当然地吸引了许多生物化学家的关注。1983 年，纽约州立大学石溪分校的科学家发现，TFIIIA 蛋白需要锌离子的协助才能有效结合 DNA 序列。到了 1984 年，里德实验室鉴定出了 TFIIIA 的完整氨基酸序列和对应的 DNA 序列。1985 年，这两条独立的线索被英国科学家艾伦·克鲁格（Aeron Klug）敏锐地整合到了一起。他提出，TFIIIA 蛋白中含有 DNA 识别模块。每一个这样的模块包含差不多 30 个氨基酸以及几个游离的锌离子，这几十个氨基酸围绕在锌离子周围，形成了一根类似手指一样的立体结构（见图 3-8）。而每一根手指，恰好能够结合和识别出一种特定的 DNA 3 碱基序列。

当然了，在由数十亿碱基对组成的基因组 DNA 上，任意一个 3 碱基序列都可能曾出现过成千上万次。但 TFIIIA 蛋白识别 5S RNA 基因的能力却正是由此衍生出来的。TFIIIA 蛋白中有 9 个串联起来但彼此独立的 DNA 识别模块！9 个这样的模块，就对应识别了一段由 27 个碱基形成的 DNA 序列。在绝大多数时候，27 个碱基的排列顺序足够在一个物种的基因组 DNA 序列上标识一个独一无二的位置了。对于 TFIIIA 来说——这个答案已经不言而喻——它确定的这个位置，就在 5S RNA 基因上！

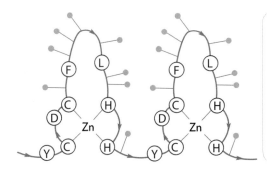

图 3-8　克鲁格的锌手指结构猜想图

1985 年，克鲁格首次提出锌手指结构的猜想。他认为每个锌手指由差不多 30 个氨基酸构成，锌离子（Zn）起到了稳定锌手指结构的功能。锌手指之间相互独立，具备识别特定 DNA 碱基序列的功能。

对于里德来说，研究做到这里可谓功德圆满。他不光找到了RNA生产所需的全部材料，也理解了其中的所有组分——特别是转录因子——的工作原理。但是对于我们的故事来说，一切才刚刚开始呢。

锌手指的发现，立刻提示了一种基因组精确定位的可能途径。

基因组手术三件套

我们已经知道，一个锌手指模块能够识别一个DNA 3碱基序列（见图3-9）。因为DNA一共只用到4种碱基分子，理论上存在的3碱基序列也不过是区区64种（$4^3=64$）。因此，如果我们能够找到64种不同的锌手指，分别对应一种独一无二的DNA 3碱基序列，我们就有可能通过排列组合不同数目的锌手指，实现对任意基因组DNA序列的精确定位。

比如，前面的故事里我们讲到过镰刀形红细胞贫血症，一种由于血红蛋白HBS基因第20位的A变成了T导致的单基因遗传病。如果我们用基因组精确编辑的逻辑，将错误的T再重新变成A，我们就需要一个精确的基因组GPS帮助我们迅速定位到这个错误的碱基附近，然后用一把锋利的基因组剪刀剪断错误碱基附近的DNA链，再替换上一段正确的DNA序列。

理论上，我们可以利用锌手指蛋白构造出我们想要的任何一种基因组GPS。还以镰刀形红细胞贫血症为例，假设我们希望定位的是HBS基因编码区（也就是直接编码氨基酸序列）的开始段。首先，我们可以确认前9个碱基是A-T-G-G-T-G-C-A-T。那么，只要我们能找到三个分别对应 A-T-G、G-T-G 和 C-A-T 的锌手指，再把它们串联在一起，就能人工构造出一个针对这段 9 碱基序列的锌手指蛋白了。当然了，对于整个人类基因组的 30 亿碱基对来说，9 碱基序列可能还不足以标识出独一无二的位置信息。实际上，A-T-G-G-T-G-C-A-T 这段序列在人类基因组里反复出现了上千次！但是不要紧，锌手指蛋白的串联特性使得我们可以通过增加一个又一个的 3 碱基单元，最终实现独一无二的位置标记。比如，我们发现，如果拓展到 21 个碱基——A-T-G-G-T-G-C-A-T-C-T-G-A-C-T-C-C-T-G-A-G——这段序列在人类基因组中就仅仅存在于 HBS 基因编码区的前端了。换句话说，区区 7 个锌手指的串联，就足够精确定位镰刀形红细胞贫血症患者体内出了问题的 HBS 基因！

图 3-9　锌手指蛋白识别 DNA

每一个锌手指蛋白，可以识别一段特定的 DNA3 碱基序列，例如图中所示的 AAG 序列。

你可能马上会问，我们真的能找到足够多的锌手指，真的可以随心所欲对它们进行组合吗？在数量方面倒是没有什么问题。在发现 TFIIIA 之后，科学家们在不同物种里陆续发现了上千个转录因子蛋白，它们当中有许多也和 TFIIIA 一样带有锌手指。很快，科学家的数据库里不同的锌手指已经积累好几百个了（当然，你可以想象对于任意一个 3 碱基 DNA 序列都存在着不只一个锌手指与之对应）。但是在做排列组合的时候，他们遇到了点不大不小的麻烦。

在上面的故事里我们曾提到，TFIIIA 的 9 个锌手指之间是相互独立的。这也就意味着我们可以拆散天然存在的锌手指，然后装配出我们需要的组合来。换句话说，锌手指模块是"可编程的"。但在 1991 年人们就已经发现，一个锌手指和一段 3 碱基 DNA 序列之间并不存在完美的对应关系。利用 X 射线晶体学研究（同样的方法在 1953 年揭示了 DNA 双螺旋结构的秘密），美国约翰·霍普金斯大学的卡尔·帕博（Carl Pabo）实验室发现，一个锌手指的立体结构要比 3 碱基略大，也就是说，这根手指还会向 3 碱基 DNA 的前后分别"延长"出去一小段，覆盖到前后相邻的碱基（见图 3-10）。换句话说，至少从位置关系上看，前后相邻的锌手指之间并不是完全独立的，它们之间也可能存在彼此配合或干扰的关系。

举个例子，如果我们想设计一个锌手指蛋白结合一段 9 个碱基的 DNA 序列，姑且用上图出现的 G-G-T-A-A-G-A-T-C 这 9 个碱基代表吧，如果我们单独挑选出三个锌手指蛋白分别结合"G-G-T""A-A-G""A-T-G"，然后穿成一串，很可能是不行的。因为那根对应"G-G-T"的手指还会悄悄碰到接下来的"A"一点点，而对应"A-T-C"的手指也会偷偷去戳一下前面的"G"，这样就会干扰彼此对 DNA 的结合能力。因此，真要选出传说中的"黄金手指"，就需要将三根锌手指之间的关系也纳入考量。

那么我们应该怎么做呢？单纯从数字上看是很让人绝望的。我们已经说过，目前已经发现的锌手指就有成百上千个，分摊到全部 64 种 DNA 3 碱基序列上，每个序列可以分到几十个。如果锌手指可完全编程的话，挑选几个合适的锌手指再按顺序组装起来可以说是轻而易

HUMAN
GENE
EDITING
上帝的手术刀
基因编辑简史

举，可选的锌手指蛋白是非常充裕的。然而，在几根手指还会互相打架的现实世界中，我们要怎么才能知道哪几根手指相处融洽，哪几根又喜欢打架呢？我们总不能把成百上千的锌手指都两个两个、三个三个，甚至四个四个地组合起来，研究确认究竟哪些才能和谐相处吧？曾经有人做过数学估计，仅仅是三个三个的排列组合来确认目前已知的所有锌手指，最终可能需要一个像整个北美洲那么大的细菌培养皿才能完成！

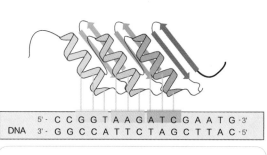

图 3-10　锌手指之间的干扰

每一根锌手指并不是完美对应 3 碱基序列，如图所示，手指会稍微"长"那么一点点，覆盖到前后的 DNA 碱基上。因此，当把几根锌手指串联起来时，就有可能存在互相干扰。

那怎么办呢？锌手指蛋白的命名人，1982 年诺贝尔化学奖得主艾伦·克鲁格爵士用一个漂亮优雅的方法解决了这个问题。他用两个步骤完成了对三手指组合的筛选。还是拿 G-G-T-A-A-G-A-T-C 这段 9 碱基序列来说吧。他们首先筛选了能够定位 G-G-T-A-A-G 这段 6 碱基序列的锌手指组合，姑且命名为 GGT-AAG（A），以及定位 A-A-G-A-T-C 这段 6 碱基序列的手指组合，姑且命名为 AAG（B）-ATC。可想而知，在两个独立的筛选中，GGT 锌手指和 AAG（A）手指必然能够和谐相处，AAG（B）手指和 ATC 手指也问题不大，但是两次独立筛选获得的 AAG（A）手指和 AAG（B）手指虽然定位能力相同，它们自身很可能是不一样的两根手指。不过没关系，如果筛选出的手指组合数量够大，科学家们总能找到其中比较类似的 A 和 B。这样他们就可以利用计算机模拟找出同时类似 A 和 B 的 AAG（C），保证 C 手指能前后兼容，从而最终组装出一套好用的"黄金手指"。

看起来这个不大不小的麻烦也解决了。不过要提醒读者们注意的是，在上述筛选和计算过程的背后，是天文数字般的手指组合以及漫长的信息积累过程。哪些手指组合值得留意？到底怎么计算两根手指的相似性？这些问题筑起了高高的技术壁垒，直到今天，筛选组装出一套好用的锌手指也不是一件轻而易举的事情。请记住这一点，这对我们后面的故事很重要。

好了，锌手指的问题先说到这儿。不妨假设我们已经能够随心所欲地通过组装锌手指建造基因组 GPS，定位人类基因组上的任何一段 DNA 序列了。那么接下来，负责剪下错误 DNA 序列的剪刀又在哪里呢？缝补基因组的针线呢？

1996 年，在美国约翰·霍普金斯大学任教的斯里尼瓦桑·钱德拉塞格兰（Srinivasan Chandrasegaran）找到了一把很好用的基因组剪刀。说起来，钱德拉塞格兰的研究兴趣一直是基因组剪刀，只不过他从没想过自己的研究能直接应用于基因编辑工作。他的实验室一直在研究一类特殊的蛋白质分子：限制性内切酶。从名字上你们就能大概猜出，这类蛋白质的功能就是切割双链 DNA 分子。但是长久以来人们都知

道，限制性内切酶和我们刚刚讲过的转录因子一样，都有自己偏好的
DNA 序列。就像 TFIIIA 转录因子喜欢"亲近"5S RNA 基因的 DNA
序列，钱德拉塞格兰实验室关心的一种叫作 FokI 的限制性内切酶（见
图 3-11），也只喜欢结合一段特别的 10 碱基 DNA 序列：G-G-A-T-G-
C-A-T-C-C。当然了，结合 DNA 之后两个蛋白质施展的手段就天差地
别了：TFIIIA 会启动基因的转录，而 FokI 则会咔嚓一刀把 DNA 从中
切断！

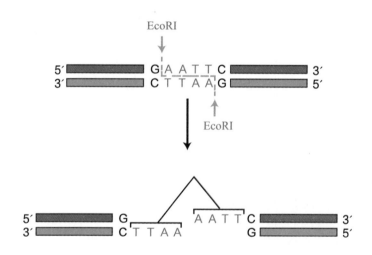

图 3-11　限制性内切酶的工作原理

这一类蛋白质能够识别 DNA 双链的回文结构（例如 FokI 内切酶针对的
G-G-A-T-G-C-A-T-C-C），然后切断双链，产生对称的两个断点。图中
展示的是一个名为 EcoRI 的限制性内切酶的工作原理。

那么 FokI 能不能直接充当基因编辑工程里的剪刀呢？不行，原
因很简单，FokI 自身也具有 DNA 序列的特异性。换句话说，FokI 其
实是一个混合了基因组 GPS（目标：G-G-A-T-G-C-A-T-C-C）和基因

组剪刀的蛋白质。我们没办法随心所欲地指挥它去剪切任意一段我们指定的 DNA 序列。但在 1994 年，钱德拉塞格兰实验室发现，FokI 蛋白里具有 GPS 功能的部分和具有剪刀功能的部分是截然分开的：蛋白的前半段专门负责定位，后半段专门负责切断 DNA。钱德拉塞格兰和他的同事们还证明，要是把 FokI 的前半段替换成来自其他限制性内切酶的定位模块，就能完美地驱使 FokI 去切割一段完全不同的 DNA 序列。

这样一来事情就峰回路转了。

我们已经知道，"可编程"的锌手指蛋白是即插即用的基因组 GPS。理论上，我们可以组装多个锌手指蛋白，用于定位人类基因组的任意位置。现在我们又知道，限制性内切酶 FokI 的后半段是把快剪刀，把它接到任何类型的 DNA 定位模块后面，都可以忠实执行剪切 DNA 的任务。那么，一个自然而然的思路就是，把锌手指蛋白和 FokI 的剪切模块串联在一起会发生什么。

1996 年，钱德拉塞格兰终于让锌手指蛋白和 FokI 剪刀走到了一起，他们在 FokI 剪切模块的一端连上了三个不同的锌手指结构。我们已经知道，每个锌手指结构能够识别一个特定的 DNA 3 碱基序列。因此，如果一切真如我们所愿，这个"杂种"蛋白应该起到这样的作用：在基因组 DNA 上准确地找到一段特定的 9 碱基序列，然后在那里剪开 DNA 长链。实验取得了完美成功，而这个创造历史的"杂种"蛋白，被钱德拉塞格兰命名为"锌手指核酸酶"（见图 3-12），正式进入了基因编辑的工具箱。

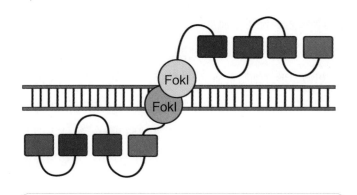

图 3-12　锌手指核酸酶的工作原理

几个串联的锌手指（彩色方块）负责定位基因组特定序列，与之相连的 FokI 剪刀（橙色圆球）负责剪开 DNA 链条。

有了 GPS，有了剪刀，再找到基因组针线，我们是不是就可以动手修复遗传病的基因缺陷了？实际情况比我们的计划还要更美好一点，基因组 DNA 有天然的针线可以用，根本用不着我们操心。更妙的是，细胞里居然有两套完全不同的基因组针线，一套可以帮助我们破坏一个原本正常的基因，一套可以帮助我们修复错误的基因！

这里说的基因组针线，有一个更专业的名字——"DNA 修复机制"。当然了，和我们故事里讲过的基因组 GPS 锌手指蛋白、基因组剪刀 FokI 一样，DNA 修复机制在细胞里已经存在了亿万年，自然也不是专门为我们给基因动手术的任务准备的。它的首要使命是保证基因组 DNA 的完整性，保证哪怕历经严酷的环境挑战，生命的遗传物质都不会被轻易破坏。

在第 1 章的故事里，大家应该已经完全理解遗传物质 DNA 对生命现象的极端重要性了。而从第 2 章的故事里，你们应该也明白，那些 DNA 分子上哪怕是极其微小的差错，都有可能引起致命的人类疾病。（想想镰刀形红细胞贫血症，仅仅是由于某个单一碱基的错误！）但我们还需要知道的是，想要维持基因组 DNA 的完整性是个极端困难的任务。就拿人体来说吧，从一个受精卵开始，经过数十万亿次的细胞分裂，受精卵细胞中的 DNA 分子经历数十万亿次的半保留复制，才造就了你我今天的模样。在此过程中，我们身体里的 DNA 分子总长度已经从几米扩展到了上千亿千米，足够从地球出发往返冥王星好几百次！要保证这几十万亿次的 DNA 复制不出差错，保证 DNA 分子在各种高能射线和化学毒物的持续攻击下不出问题，我们的细胞进化出了各种各样的 DNA 修复机制，可以敏锐地发现刚刚露苗头的任何错误，然后第一时间把错误碱基替换掉。也多亏了这些 DNA 修复机制，DNA 复制的错误率低得惊人——10^{-9}（每复制十亿碱基可能会出错一次）。

DNA 分子面临的最大威胁可能就是彻底断裂了！想象一下，一条拉直来看长达数米的 DNA 长链一旦从中突然断裂，如何在细胞核里重新找到两个断点，又怎么重新准确地连接呢？考虑到 DNA 链条和细胞核的直径相差近 1 000 倍，细胞核里还拥挤地穿梭着各种各样的分子，这个任务的难度堪比从一个装满各色海洋球的游乐场里，找出仅有的两个标记着星形图案的红色海洋球……

所幸，细胞里早就为我们准备好了应对这种灾难性事件的预案。在 20 世纪 90 年代初，人们就已经发现，如果 DNA 双链真的出现了断裂，细胞会利用两种方法进行紧急修复（见图 3-13）。其中一个办法很直

HUMAN
GENE
EDITING

上帝的手术刀
基因编辑简史

130

接：找到两个 DNA 断点，不管三七二十一直接粘上就行。这样的好处是简单快捷，坏处是容易出错。试想一下，如果断头的 DNA 不小心丢掉或增加了好几个碱基（这是很可能发生的），直接粘上不就永久性地失去或增加了那几个碱基的信息吗？另一个方法则要小心一些：找到断点之后不是直接粘上，而是先在附近找找有没有序列相似的 DNA 分子，以它为模板进行修复。这样万一真的出现了不该有的丢失或增加，也可以及时改正。当然了，这种看起来更可靠的方法也有问题：必须能在附近找得到序列相似的 DNA 才行。这个条件一般只有在细胞分裂过程中才能满足。那时候 DNA 已经复制完毕，但细胞尚未完成分裂，所以一个细胞里就出现了两套完全一样的 DNA 分子。如果其中一套出现了断裂，自然就可以利用另一套作为修复模板了。

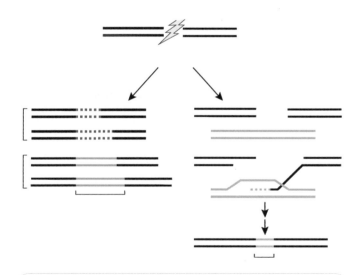

图 3-13　DNA 双链断裂后的修复机制

左边的修复方法简单快捷，但是容易出错，比如丢掉几个碱基（红色虚线）或者随机增加几个碱基（绿色实线）。右边的方法非常精确，但是需要细胞提供可供参考的模板（蓝色链条）。

在这里唠叨了这么多，其实就是想要说明当锌手指核酸酶在基因组中找到合适的位置并进行剪切之后，细胞自身就可以完成缝缝补补的针线活。其中存在两种不同的缝补办法。如果仅仅对基因组DNA一剪了之，没有现成模板可利用的细胞只能用前一种简单粗暴的办法进行修复，难免会出现不该有的序列错误。如果在剪切的同时主动给细胞提供一段可供参考的模板序列，细胞就会启动后一种修复机制，按照模板的序列信息老老实实地修复断裂的DNA。

我们马上可以想到，这两种缝补办法其实各有各的用处！如果我们想破坏掉一个正常基因的功能，就像破坏掉正常人体内的CCR5基因以期阻止HIV的入侵，前一种不够精确的缝补方法就可以帮助我们达到目的。如果我们想要修复一个原本就有问题的基因，就像镰刀形红细胞贫血症患者体内的HBS基因，那么后一种缝补方法正好能满足需求。

讲到这里，我们已经找到了精确基因编辑所需的工具三件套：

- 基因组GPS：锌手指蛋白组合；
- 基因组剪刀：FokI蛋白的剪切模块；
- 基因组针线：细胞内天然存在的两套DNA断点修复机制；

在20世纪的尾巴上，基因编辑已经万事俱备。而在近20年过去后的今天，基因编辑又走到哪一步了呢？它是否已经走出实验室，走进医院和病房了呢？它是不是已经改变了万千病人的命运呢？

遗憾地说，并没有。

20 年的独角戏

尽管被许多人看作是传统基因治疗技术的全新升级，但基于锌手指核酸酶的基因编辑技术并没有像人们期待的那样大放光彩。转眼 20 年过去了，在学术界之外，锌手指核酸酶对大众来说仍旧是一个极其陌生的名词。

它最近一次进入公众视野可能是 2014 年年底。来自美国宾夕法尼亚大学医学院的一群医生在著名的《新英格兰医学杂志》发表论文，借助来自圣加蒙公司（Sangamo Therapeutics，见图 3-14）的技术平台，利用锌手指核酸酶改造人类免疫细胞，试图治疗世纪顽症艾滋病。他们的思路其实和前文故事里讲过的"柏林病人"如出一辙。

在"柏林病人"的案例里，患者蒂莫西·雷·布朗因为同时身患白血病和艾滋病，他的主治医生借此机会施展了一个大胆的治疗计划。通过骨髓移植手术，布朗获得了携带 CCR5 基因突变的免疫细胞。HIV 无法识别和进入这些细胞，从而帮助布朗彻底摆脱了艾滋病的困扰。当然我们必须承认，因为"柏林病人"的成功案例实在太过复杂和机缘巧合，实在是很难重现。毕竟，要不是白血病的出现，没有医生会疯狂到首先杀掉病人体内全部的造血干细胞并准备骨髓移植，而恰好又能找到一个配型合适同时携带有 CCR5 基因突变的骨髓捐献者，就只能高呼苍天有眼了。

但有了基因编辑技术的启发，一个自然而然的艾滋病治疗思路就出现了：如果能动用基因编辑技术，精确地破坏掉艾滋病患者体内免疫细胞内的 CCR5 基因，岂不是就能让他们免于艾滋病的困扰了吗？

这正是宾夕法尼亚大学和圣加蒙公司的目标。当然，2014 年的这篇震惊世界的学术论文仅仅报道了一期临床试验的结果。鉴于严格的科学规范和医学伦理，一期临床试验主要是检验相关治疗方案的安全性，而不是疗效（大家可以回忆一下基辛格的故事）。在论文中，对于参与了一期临床试验的 12 名艾滋病患者，医生们主要证明了针对 CCR5 基因的基因编辑疗法对他们是安全的。而在圣加蒙公司召开的新闻发布会上，他们用到的措辞就激进很多。该公司宣称，他们的基因编辑疗法已经"功能性治愈"了这一世纪顽症。不管读者们相不相信这种措辞，我反正是将信将疑。截止到 2016 年年底，相关临床试验已经推进到二期，一切还是得等到二期和三期临床试验结束才能见分晓。

图 3-14　2012 年圣加蒙公司在纳斯达克上市

这似乎就有点奇怪了。毕竟，早在 20 世纪最后几年，基于锌手指核酸酶的基因编辑技术已经完成了理论和技术准备。何以到 20 年后，这项看起来充满希望的技术还停留在临床试验阶段呢？就算是临床试验对于安全性和风险的控制异常严格，走一步等等看是人之常情，那也不至于 20 年后有且仅有一家公司、有且仅有一项应用进入二期临床试验吧？按照常理推断，这么有前途的技术，在医药市场上应该四面开花、群雄并起才对啊？圣加蒙这家名不见经传的公司，难道还能一家独霸锌手指核酸酶不成？

想要说清楚这背后的故事，我们先得聊聊生物制药产业的知识产权保护问题。

我们先来讨论一个纯粹假想的情况吧。如果你有一天突然灵光一现，发明了一项独一无二的新产品或新技术。你十分确信，这项新技术或新产品一旦推上市场就会被万众追捧，让你赚得盆满钵满。那我相信你一定马上会问一个问题：怎么保证我的这个新发明不会被别人偷学去？要知道这世界上哪怕只有一个人学会了你的新发明，你独一无二的垄断地位就一去不复返了，收益也会受到巨大影响。

直觉上，你会发现有两个显而易见的思路。第一，你可以把新发明锁在银行的保险柜里，藏在家里的地窖里，从此不再对第二个人提起，然后靠提供服务或出售产品赚钱。既然你成了全世界唯一一个了解这项新发明的人，那你就不愁没有买家找上门来。直到今天，仍然有许多企业的生存依赖严格保守的"技术秘密"。最著名的例子莫过于可口可乐公司神秘的可乐配方了（见图 3-15）。

图 3-15　可口可乐广告词：
秘密配方，神秘所在

按照可口可乐公司的说法，可乐
的配方由三名雇员分别掌管。此
三人身份绝对保密，而且每人都
只掌握配方的一部分成分。实际
上，我们可以说，可口可乐的技
术秘密历经口口相传，已经成了
公司营销手段的一部分。吸引消
费者的与其说是独特的配方和口
味，倒不如说是由秘密造就的品
牌形象。

然而，技术秘密也有自身的缺陷。既然是秘密，政府和法律就无法为你提供任何保护。如果买家购买了产品以后，依靠反向工程揭穿了你的技术秘密，或者哪怕是小偷偷去了你的技术秘密并将它大白于天下，秘密就不再是秘密，你独一无二的金饭碗也就碎掉了。所以，作为新技术发明人，你还迫切需要另一重保护来维护自身的利益和投资回报。在这种情况下，大家耳熟能详的专利保护就应运而生了。

说白了，专利保护的含义就是专利发明人以公开自己的新发明为代价，换取国家层面对自己金饭碗的保护。国家以专利授权的方式保证，在专利有效期内，别人只能看着你的新发明干瞪眼，任何试图复制和利用的尝试都是违法行为。我们都明白，创新是社会发展的原动力。而鼓励创新最好的方法，莫过于保证发明人得到充足的回报。因此，保护你的金饭碗对你个人而言，也许仅仅是保证自己辛辛苦苦的发明创造能够得到社会承认和金钱回报的小问题。而对于一个团体、一个国家而言，则是要保护和鼓励创新，推动社会可持续发展的大问题。

而对于整个医药市场来说，监管的要求使得技术秘密几乎没有容身之地。这一点并不难想象，医药公司生产的是最终会应用于人体的东西，一点点差错都可能性命攸关。与此同时，医药产品涉及复杂的科学和技术原理，很难被一般大众所理解。如果单凭医药公司一面之词去宣传推广，很容易给欺骗蒙蔽普罗大众留下空间。因此，各个国家的监管机构都对医药产品的研发、临床试验、生产销售，以及市场推广等各个环节提出了严苛的监管要求，以防医药公司利用巨大的信息不对称欺骗患者。既然要监管，那就理所当然要知道医药产品的所有技术细节，对一个藏在保险柜里的秘密是无法进行监管的。

技术秘密在医药市场上无法立足还有一个原因，即许多医药产品是非常容易通过反向工程理解其中的奥妙的。我们常吃的化学药物（比如阿司匹林、泰诺、青霉素，等等）的主要成分是小分子化合物，它们的化学结构极易获得，合成起来也没有那么麻烦。竞争对手只需要从药店里买上一盒，然后放进质谱仪和核磁共振仪里测一测就会了解，在化学实验室里忙上几周可能就能仿造出来。因此，在一个完全自由竞争的丛林世界中，制药公司开发出的新药分分钟就可能被虎视眈眈的竞争对手轻易模仿制造。那还有谁愿意投入巨资开发新药呢！对于锌手指核酸酶来说，情况还要稍微复杂一点，毕竟整个治疗方案涉及从患者体内提取细胞，用锌手指核酸酶改造细胞，再把细胞送回人体等环节，抄袭起来没有那么直截了当。但无论如何，竞争对手想要获取锌手指核酸酶的氨基酸序列信息，也仍然只需要偷一点 DNA 送去测序就万事大吉了。

图 3-16　奥美拉唑肠溶胶囊说明书

图中可见，药品活性成分的化学结构清晰可见，药品监管法规要求药品生产商披露产品的主要活性成分。对于医药企业来说，技术秘密几乎没有生存空间。

因此，对于医药市场来说，国家提供的专利保护是产品创新和企业生存的命脉所在。一般在药物开发的早期，公司就会为它们申请专利。在包括中国、美国和欧盟在内的世界上大多数国家和地区，创新药物拥有 20 年的专利保护期。考虑到现代药物开发的周期均长达七八年甚至 10 余年，20 年的保护期不算离谱，它至少保证了医药公司能捧 10 年左右的金饭碗。为了进一步鼓励医药创新，各国监管机构往往还会通过行政手段，保障和促进特定药物的开发工作，例如在专利保护期外施行所谓的"市场独占权"。美国食品和药品管理局就经常使用市场独占权的规定，促进特定药物的开发，例如儿科药物和罕见病药物，等等。

但是，请大家一定注意，无论是专利保护期也好，是市场独占权也好，这些都是有明确期限的。世界上没有永恒的金饭碗好拿。这里面的逻辑其实很明确。国家为发明人提供专利保护并不是无偿的。从某种意义上说，国家是给发明人提供 20 年的金饭碗从发明人那里换取新发明的公开。还是拿医药产品来说吧。国家层面的算盘是这么打的：给药物开发者 10 年左右的时间独占市场，通过高额回报鼓励医药创新。但在专利保护期后，专利失效，仿制药厂家的进入会快速降低药物价格，减轻患者和医保买单方的财务负担，让全体人民共享技术进步的成果。也正因为如此，我们在医药市场上看到的是高低端搭配的产品组合：有钱人可以第一时间尝试最新的药物治疗方案，而穷人也可以在众多廉价但亦有确切疗效的药物中选择。

看到这里也许你已经明白了：难道圣加蒙公司是依靠专利保护彻底垄断了锌手指核酸酶的临床应用吗？可是这样也不对啊。刚刚已经讲过，锌手指核酸酶是在大学校园里发明的，真要说专利，那也该属于华盛顿大学、约翰·霍普金斯大学等学术机构啊。更不要说从发明的时候算起，20 年的专利有效期早就过去了。圣加蒙公司又是从哪里得来的独霸市场的权利呢？

这个问题说起来就很有意思了。放眼望去，总部位于美国加利福尼亚州里士满市的圣加蒙公司似乎是知识产权保护和市场规律之外的流浪儿。这家成立于 1995 年的公司，20 年来并没有一个真正的产品推向市场，药物销售收入严格来说为零，每年的财报都是令人触目惊心的赤字。然而它没有走向衰败和破产，市值反而节节攀升。与此同时，这家年年烧钱的小公司在 20 年的时间里成功地把锌手指核酸酶技术及其相关临床应用锁进了由一系列专利打造的黑箱，把它变成了一个其他任何公司无法染指的垄断市场。甚至连大学里的科学家也难以随心所欲地使用这项技术，对，别忘了，这项技术本来可是在大学校园中开发出来的！

这到底是怎么一回事呢？为了说清楚这个问题，让我们再从头捋一捋锌手指核酸酶的前世今生。前面已经说到，在 20 世纪的最后几年，科学家已经将锌手指和核酸酶合二为一，也已经证明了这个"杂种"蛋白可以精确识别 DNA 序列并将其一剪了之。而与之相关，研究

DNA 修复的科学家也已经证明，DNA 双链断裂可以引发模糊修复和精确修复两种机制，分别可以用来破坏正常基因和修复错误基因。理论和技术储备已然完成，接下来当然就是要测试这项技术的实用价值了。

很快，到了 2002 年，来自美国犹他大学的达纳·卡罗尔（Dana Carroll）首先证明，他们将人为组合出的两对锌手指核酸酶导入果蝇体内后，可以精确定位果蝇基因组 DNA 上的某个基因，并通过剪切和模糊修复机制，创造出果蝇的遗传缺陷。随后不久，美国加州理工学院的戴维·巴尔迪莫（David Baltimore）及其合作者马修·波蒂厄斯（Matthew Porteus）在 2003 年发表论文，证明在引入锌手指核酸酶的同时为细胞提供正确的 DNA 模板，他们确实成功修复了出现问题的基因。

看起来这项技术的实用价值不需要怀疑了。那么下一个问题就是如何把锌手指核酸酶技术应用于人体治疗遗传病了。圣加蒙公司这个怪胎，也差不多就在这个时候慢慢浮出了水面。

让我们再一次回顾一下故事里提到的在"黄金手指"的锻造工程中起关键作用的科学家：

- 钱德拉塞格兰，来自美国约翰·霍普金斯大学。首先将锌手指与 FokI 剪切模块相连，证明了"杂种"蛋白的精确定位和剪切功能。
- 克鲁格，来自英国 MRC 旗下的分子生物学实验室。锌手指蛋白命名人，开发了用来筛选好用的锌手指组合的新技术。
- 卡罗尔，来自美国犹他大学。首先证明了可以利用锌手指核酸酶组合破坏生物体内的基因。

- 戴维·巴尔迪莫和马修·波蒂厄斯，来自美国加州理工学院。首先证明可以利用锌手指核酸酶修复人类细胞中的缺陷基因。
- 帕博，来自美国约翰·霍普金斯大学。率先破解了锌手指蛋白的三维结构，为人们理解其精确定位 DNA 的机理提供了帮助。

好吧！你可能要说，罗列这么多人名干啥？这些人看起来不管是资历、工作单位、专业领域似乎都没有什么共同点！再说他们都来自非营利性的学术机构，和圣加蒙公司有什么关系呢？

让我们换个角度，再回顾一下名单：

- 钱德拉塞格兰，圣加蒙公司最早的科学顾问。1995 年，他把自己关于锌手指核酸酶研究的专利特许授权给了圣加蒙公司。
- 克鲁格，他和合作者基于锌手指核酸酶筛选技术创立了 Gendaq 公司。而这家公司以 3 000 万美元的价格被圣加蒙公司收购，随之转移的还有相关技术的知识产权。克鲁格本人也是圣加蒙公司科学指导委员会的成员。
- 卡罗尔，他关于用锌手指核酸酶创造基因缺陷的专利，于 2004 年特许授权给圣加蒙公司。
- 巴尔迪莫和波蒂厄斯，他们利用锌手指核酸酶技术修复基因缺陷的专利于 2003 年特许授权给圣加蒙公司。
- 帕博，其本人在 2001—2003 年期间离开学术界，加入圣加蒙公司担任首席科学官、资深副总裁。

看到这里，你们应该了解了为什么圣加蒙公司可以在锌手指核酸酶领域称王称霸了吧？而这一切，都源自圣加蒙公司总裁兼首席执行官爱德华·兰菲尔（Edward Lanphier，见图 3-17）下的一盘大棋。

图 3-17　圣加蒙公司总裁兼首席执行官爱德华·兰菲尔

20 年来，他整合了关于锌手指核酸酶从设计、优化到临床应用的整套技术体系，并成功利用专利壁垒将所有人拒之门外。

兰菲尔并非科学家出身。在创立圣加蒙公司之前的许多年里，他在旧金山湾区另外一家生物技术公司负责商业拓展业务。他主要的工作是在学术界和工业领域寻找合作伙伴，从他们那里获得专利授权。当时，兰菲尔任职的公司致力于开发传统的基因治疗技术。那家公司的技术储备还是不错的：拥有自己开发的基因治疗载体，而且围绕治疗载体的专利保护也相当完备。但那些需要被运输的"货物"，也就是可以治疗疾病的 DNA 序列，也是有专利的——这些专利都持有在其他公司或学术机构手中。兰菲尔的主要工作就是与一家家公司或大学谈判，希望从他们手中获得这些"货物"的专利授权。

可能是那些年艰难的谈判给他留下的印象太深，兰菲尔一直希望

上帝的手术刀
基因编辑简史

创立一家公司，把所有的技术和知识全部据为己有，不再被同行的专利牵着鼻子走！

于是在 1996 年，刚一看到钱德拉塞格兰实验室的开创性工作，兰菲尔就果断辞职，并且第一时间从约翰·霍普金斯大学获得了相关专利的特许授权，在此基础上创立了圣加蒙公司。在此后的几年时间里，兰菲尔紧跟锌手指核酸酶的技术潮流，一步一步、缓慢但坚定不移地把围绕锌手指核酸酶技术的专利一一收入囊中，也把相关技术的世界顶尖专家一网打尽。

2003—2004 年间，圣加蒙公司终于获得了包括锌手指核酸酶的设计、筛选、优化、实验室和临床应用相关的一揽子关键专利，把一场发端于大学校园的技术革命，成功变成了一场只能由圣加蒙公司上演的独角戏。在现代医药产业历史上，像圣加蒙公司这样成功利用专利壁垒垄断整个行业的情形，可谓是前无古人，可能也会后无来者。

志得意满的圣加蒙公司随即启动了针对一系列疾病的药物开发项目。其瞄准的目标，既有罕见的单基因遗传病例，如亨廷顿舞蹈症，也有万众瞩目的感染性疾病艾滋病。10 年后的 2014 年，圣加蒙公司针对艾滋病的两个研发项目率先进入临床试验。考虑到这两个临床项目乃是锌手指核酸酶技术进入实际临床应用的排头兵，我们也可以毫不夸张地说，圣加蒙公司这两个只有几百位患者参与的试验，将会决定整个锌手指核酸酶研究领域成百上千位科学家，从 TFIIIA 被发现的 20 世纪 80 年代算起，30 多年间全部心血的意义。

在我写下这段故事的时候，圣加蒙公司的独角戏仍在等待一个大结局。但是我们已经可以带点儿盖棺定论的论调来讨论医药产业知识产权保护的利弊了。读者们也将会看到，这些利弊最终会把基因治疗和基因编辑的故事，带往一个意想不到的方向。

就像本章开头我们讨论过的那样，医药产业的专利保护制度（或者可以拓展到整个专利保护制度），试图在鼓励、保护创新与保障大众健康需求之间取得一定程度的平衡。没有专利保护，医药开发者的巨额研发投入得不到利益回报，将严重打击药物研发企业开发新产品、新技术的积极性；而专利保护过强造成的垄断，则会产生高昂的医疗开支，损害大众基本的健康和生命权。

圣加蒙公司利用专利壁垒保障了自己的生存和发展，用以支撑其高昂的研发成本，这本身当然无可厚非，甚至可以成为这一行业知识产权保护的最佳实践。但是与此同时，历史的事实是，圣加蒙公司的垄断措施实际上显著延缓了整个锌手指核酸酶领域的技术进步。我们的故事里讲到过，由于锌手指组合没有完全的"可编程性"，哪些锌手指之间能够完美协同，又如何廉价、快捷地筛选出这样的组合，至今仍是一大难题。由于圣加蒙公司对自身的独门筛选平台严加保护，其技术细节完全不为学界所知。严格说来，圣加蒙公司这种做法打了一个知识产权保护的擦边球。他们在申请专利的同时并没有老老实实地做到开放技术细节。那么可想而知，对锌手指蛋白的筛选组装技术，学术界也就没有办法在圣加蒙公司平台的基础上进一步完善和改进了。而放弃整个学术界的智慧和资源，仅靠圣加蒙公司内部的区区百来位科学家，要想实现技术的飞速进步又谈何容易。更有甚者，为了防止技术外泄，如果来自大学和研究所的学术界科学家想要利用圣加蒙公司的技术平台设计锌手指核酸酶，他们也只能将需要定位的 DNA 序列提交给公司，然后从公司获得组装好的锌手指序列，但对其中的技术细节仍然一无所知！

我们完全有理由相信，如果将锌手指核酸酶的相关专利对整个学术界和工业界开放，全球各地的大学、研究所和医药公司一定会争先恐后地进入这个领域，在协作和竞争中不断改进锌手指核酸酶技术的安全性、治疗效果和疾病谱。那么到今天，我们大概有理由相信这个领域早已在不同的疾病领域开花结果、福泽众生了。

当然，我并没有任何指责圣加蒙公司抑或是指责知识产权保护制度的意思。毕竟知识产权保护的意义我也已经讲过多次，如果知识产权保护的藩篱可以被随意挪动、践踏和破坏，医药公司的创新热情就会如阳光下的冰山一般冰消瓦解。这一点对于当今的中国来说，可能比过度严厉的专利保护更需要让人警惕。而对于层出不穷的生物医学新技术、新方法和新思路，传统意义上的知识产权保护规则是否有修改的必要，可能是留给立法者、执法者和其他利益相关方的一道并不容易的试题。

不过科学技术的发展总是能在山重水复中给我们惊喜。在万马齐喑的锌手指核酸酶领域，愤愤不平的科学家们始终没有停止努力。他们的思路很明确：如果有办法开发出全新的基因编辑技术平台，不就可以干脆绕过圣加蒙公司的专利壁垒了吗？在这个思路的指引下，科学家们开发出了公益性的锌手指核酸酶设计平台，并向全世界免费开放。更让我们惊喜的是，一系列精彩的科学发现，在柳暗花明间让基因编辑技术告别了对锌手指核酸酶的依赖。基因治疗，从此走入了我们梦寐以求的"编程时代"。

04

编程时代

开源破牢笼

在锌手指核酸酶技术领域，圣加蒙公司充分利用了专利保护制度，打造了一个外人无法染指的技术牢笼。曾带给人们无限想象空间的"黄金手指"，最终只是帮助圣加蒙公司上演了一出 20 年的独角戏。

我相信很多科学家的脑海里，都会不经意间涌现出这样的想法：如果……那该有多好！如果圣加蒙公司压根就没有垄断锌手指核酸酶技术的专利；如果圣加蒙公司能够开放专利壁垒，将自己的独门技术向学术界开放；如果有更多的科学家能参与到锌手指核酸酶相关技术的进一步完善和改进中；如果有许多家公司能够在市场上展开短兵相接的竞争……也许我们今天早已可以享受到锌手指核酸酶在临床上带给我们的福利了。

也正是因为这许许多多的"如果"，也始终有一批愤愤不平的科学家，没有放弃打破圣加蒙公司技术牢笼的努力。他们决心要在实验室中"再次"开发出高效的锌手指核酸酶设计方法，彻底绕过圣加蒙

HUMAN
GENE
EDITING

上帝的手术刀
基因编辑简史

公司设置的壁垒。并且这一次，他们发誓要让新知识在学术界和工业界自由共享。这有点像时下互联网中最时髦的"开源"概念。

美国麻省总医院的韩国科学家基思·郑（Keith Joung，见图 4-1）就是其中的代表人物。郑曾经是我们前文提到的卡尔·帕博实验室的博士后，他和锌手指核酸酶的缘分也是从帕博实验室开始的。在帕博离开学术界前往圣加蒙公司就职时，郑选择了留在学术界，致力于开发锌手指核酸酶组装和筛选的新技术平台。也就是说，从郑独立建立实验室的第一天起，他的目标就是亲手打破由自己参与建设的锌手指核酸酶的技术牢笼！

他们的努力没有白费。2008年，郑和同事们发表论文，展示了他们实验室 10 年来辛苦开发出的新型锌手指核酸酶组装平台。为了表明他们建立开源平台、共享新技术的决心，新平台被巧妙地命名为"OPEN"（意为"开放"，由 Oligomerized Pool Engineering 的首字母组合而成）。和圣加蒙公司拥有的"黄金手指"筛选方法迥异，OPEN 方法的原则其实比较暴力。如果一个科学家希望得到串联在一起的三个锌手指，用于识别一段 9 个 DNA 碱基组成

图 4-1 麻省总医院的科学家基思·郑

基思·郑为锌手指核酸酶技术的开源立下了汗马功劳，之后也参与了基因编辑领域的许多重要革新。

的 DNA 序列，他需要做如下两件事。首先，他要将 9 个碱基拆分成 3+3+3 的三段 DNA 序列。我们已经知道，一个 3 碱基 DNA 序列恰好对应一个锌手指。因此，他就可以利用 3 碱基序列作为"鱼饵"，去汪洋大海般的锌手指蛋白库里"钓"上许多能"咬钩"的蛋白。3 个 3 碱基序列，需各取 95 根锌手指备用。第二，他再将这 95+95+95 根锌手指随机组合产生 95^3（约 86 万）个组合，然后再检测它们结合目标 DNA 序列的能力。OPEN 方法的思路是，尽管相邻的锌手指并不总能完美配合，但在这 86 万个组合中，总是应该有一些恰好配合默契的组合，科学家要做的就是把它们给找出来。

大家马上会发现，OPEN 方法的逻辑虽然简单有效，但实际操作起来非常烦琐。组装出 86 万个锌手指组合然后再挨个检测是一项非常耗时的技术活。如果需要串联更多的锌手指，那么需要筛选的组合将会以几何级数增长（每多一个锌手指，需要筛选的组合数量就增加 95 倍）。基于同样的考虑，郑和同事再接再厉，在两年后又推出了 CoDa 方法。与 OPEN 方法不同，CoDa 是一个主要基于计算机预测的锌手指组装平台。郑和同事们在背后事先做了大量锌手指组合的筛选和测试，再将不同锌手指之间的配合情况放进数据库，然后开发了一套算法用于从数据库中找出配合可能性较大的锌手指组合。至此，学术界的开源努力虽然姗姗来迟，但还是终于修得了正果。尽管已经比圣加蒙公司的组装平台晚出现了差不多 10 年，但是 OPEN 和 CoDa 方法意味着，从此科学家们可以绕开圣加蒙公司的专利壁垒，自由设计所需的锌手指蛋白组合，并用在基础研究和临床应用中了。

然而，这一次锌手指核酸酶技术的开源革命偏偏时乖命塞。

命运和基思·郑，也和圣加蒙公司开了一个不大不小的玩笑。就在他们双方正在进行一场静默的角力，使出浑身解数优化锌手指蛋白筛选和组合技术的时候，在广茂生物学疆域中的一个默默无闻的角落，一个新发现横空出世，宣告了基因编程时代的最终来临。仿佛就在一瞬间，无论是圣加蒙公司也好，还是 OPEN 和 CoDa 也好，这一切的努力都白费了，就连锌手指蛋白之间不完美的配对问题仿佛都不再重要了。

"神话"蛋白

要说清楚基因编程时代的来龙去脉，我们还得从锌手指蛋白的问题说起。

上一章的故事里曾经提起过，一个由大约 30 个氨基酸构成的锌手指蛋白，和一段 3 个碱基组成的 DNA 序列，并不是严丝合缝地完美对应的。形象地说，一根锌手指会比一段 3 碱基 DNA 略大一点。因此可想而知，几个锌手指串联起来就有可能会互相干扰，就像如果我们试着戴上一副太大的手套，难免会出现两根手指钻到一个洞里的情形。所以针对任何一段 DNA 序列设计锌手指组合都是一个需要技巧和经验的任务。这是为什么圣加蒙公司依靠独门的锌手指组合筛选技术就可以独霸整个领域，也是为什么郑的团队会孜孜以求一种开放给全世界的锌手指组装平台了。

说得抽象一点，锌手指组合的可编程性是不完备的。是的，我们确实可以像玩乐高玩具一样把不同的锌手指组装起来，实现对任意一段 DNA 序列的精确识别。但是哪些锌手指可以组装在一起，哪些会互相干扰，仍然无法完全从理论上预测，就凭这一点，它也远没有乐高玩具那样完美地模块化——任意两块总是可以组合在一起。这一点严重限制了锌手指核酸酶的基础应用与临床应用。

一个可能性当然是给锌手指动动小手术，看能否把这种天然存在的基因组 GPS 改造成完全可编程的。我们当然也可以尝试一种更科幻的思路：如果我们暂且收回聚焦在锌手指上的目光，用上帝视角俯瞰整个地球生物界，在某一种地球生命内部，会不会已经存在着完全"可编程"的基因组 GPS 呢？我们一旦把它找出来，所有围绕锌手指核酸酶的技术和专利难题岂不是通通迎刃而解了吗？

尽管这种想法听上去像是神话，但不得不说，这样的想法是符合逻辑的。我们知道，生物体在亿万年的光阴里进化出锌手指，当然不是为了给后世的人类提前准备基因编辑工具的。生物体内的锌手指有着非常重要的生物学功能——精确定位 DNA 序列，调节基因在不同发育阶段、不同细胞类型、不同环境刺激下的活性。这一点，相信大家在 TFIIIA 的故事里已经能够一窥端倪。那么我们自然也有理由相信，千千万万种地球生命的亿万个细胞内，应该都拥有自己的基因组 GPS，拥有用某种方法精确定位 DNA 序列的能力。既然如此，凭什么锌手指蛋白这种不完全可编程的方式就是最好的？自然选择这个地球上最伟大的生命建筑师，难道不会在某个角落已经为人类准备好了具备完全编程性的基因组 GPS 吗？

你可能会说，好吧，权且相信童话，权且相信王子和公主能幸福地生活在一起，但科学家们又怎么能真的把这童话里的主角给找出来呢？地球上已经发现的物种有上百万种，尚未发现的可能还有上千万种，难道还能一种一种地仔细审视一遍不成？

当然，如果我们的研究目标就是从地球生物身上寻找完全可编程的基因组 GPS，我们就给自己安排了一项无比烦琐又看不到尽头的搜查任务。然而命运的安排有时候巧合得不可思议！就在圣加蒙公司小心翼翼守护着他们的锌手指组装专利，基思·郑在百折不挠地尝试着开发锌手指组装方法的 2009 年，两篇学术论文的发表震撼了整个基因编辑领域。

而且更有意思的是，这两篇论文还不是来自基因编辑专家，而是看起来风马牛不相及的细菌学家。换句话说，这些震动基因编辑领域的发现，纯属误打误撞，绝非精心策划的结果。

来自德国马丁路德·哈勒维腾贝格大学的细菌学家乌拉·伯纳斯（Ulla Bonas，见图 4-2）在此前的 20 年里，一直致力于研究一种常见的植物寄生细菌——野油菜黄单胞菌野油菜致病变种。对于农业生产来说，这种细菌是个不折不扣的噩梦。它和它的近亲可以入侵包括水稻、番茄、大豆和青椒在内的上百种植物，在叶片上留下恼人的黑斑，甚至引发严重的植物叶斑病和溃疡病（见图 4-3）。

图 4-2　乌拉·伯纳斯

德国马丁路德·哈勒维腾贝格大学细菌学家。

　　和体型大得多的寄生虫类似，像黄单胞菌这样的寄生细菌会利用宿主的营养和资源来满足自身的生存和繁衍需要。而除了像寄生虫那样直接以宿主为食，黄单胞菌还能够巧妙地欺骗宿主细胞，让宿主细胞为自己生产出各种蛋白质。大家应该还记得我们讲到过 HIV 是如何进入人体免疫细胞，藏身于人类基因组中，并让人类细胞为它们繁衍后代的。黄单胞菌的本事就与这些狡猾的病毒类似。

　　当然了，和 HIV 不同的是，黄单胞菌不会直接进入植物细胞内，它们的个头太大，模样太显眼，很难逃过细胞内免疫系统的攻击。它们的做法显得更经济一些。简单来说，黄单胞菌会利用一套类似针头的装置，将自己的一些蛋白"注射"到植物细胞内。这些蛋白可以欺骗植物细胞，启动植物细胞的蛋白质合成系统，合成一些黄单胞菌急需的蛋白质，来满足它们的生存和繁衍需要。

　　伯纳斯感兴趣的正是这套精密的微型注射系统。早在 20 世纪 90 年代初，伯纳斯实验室就已经发现，黄单胞菌会注射一种名为 AvrBs3

的蛋白质进入植物细胞。一旦 AvrBs3 进入植物细胞内，它就能伪装成植物的转录因子，进入细胞核内启动蛋白质合成。而且很明显，AvrBs3 的效劳对象并不是植物，而仅仅是黄单胞菌。伯纳斯他们发现，在 AvrBs3 的控制下，植物细胞会老老实实地合成一系列为细菌服务的蛋白质。有些蛋白质会运输更多的养分进入植物细胞（不用说，自然是为细菌之后的大餐做准备），有些蛋白质则会清除掉植物细胞内可能会毒害细菌的金属离子，等等。

很显然，AvrBs3 必然像真正的转录因子那样，有精确定位 DNA 序列的能力，否则就无法解释为什么它能够启动几个特定基因、而不是所有基因的表达。与此同时人们还发现，和锌手指蛋白一样，AvrBs3 蛋白内部也有一些重复的氨基酸序列，一个由 34 个氨基酸构成的模块反复出现了 17.5 次，彼此间的氨基酸序列的差别十分细微。

图 4-3　柑橘溃疡病
一种由黄单胞菌引起的植物病害。

自然而然，伯纳斯他们希望搞清楚 AvrBs3 到底是怎样实现 DNA 序列精确识别的。是不是通过一种类似于锌手指蛋白那样的、由一段氨基酸序列对应几个碱基的识别机制？但我们可以想到，仅有 AvrBs3 一个蛋白实际上是无法展开研究的。伯纳斯他们需要一大批这样的同类型蛋白，才能通过对彼此之间的比较，理解其基因组定位的机制。

　　这一等就等了 10 年。到 21 世纪初，人们才逐渐开始意识到，在黄单胞菌的近亲中，像 AvrBs3 这样的"间谍"转录因子其实相当普遍。不同的细菌有不一样的植物宿主，因此，它们也都准备了不同的"间谍"转录因子，能够在不同的植物细胞中起到调节蛋白质合成的作用。于是大家干脆为这一类蛋白起了一个新名字——"TALE"（transcription activator-like effector, TALE。中文为"类转录激活因子效应蛋白"）。而这个英文缩写，恰好是"神话"的意思。

　　利用 AvrBs3 和它的近亲，伯纳斯终于可以开始尝试理解"神话"蛋白的工作机理了（见图 4-4）。在 2007—2009 年期间，伯纳斯实验室彻底解析了"神话"蛋白的魔法。他们证明，"神话"蛋白的工作原理确实与锌手指蛋白类似。在锌手指蛋白中，30 个氨基酸组成一根"黄金手指"，粗略对应一段 3 碱基的 DNA 序列。而在"神话"蛋白中，34 个氨基酸组成一个"神话"手指，精确对应一个 DNA 碱基。在 2009 年，伯纳斯实验室和美国爱荷华州立大学亚当·伯格达诺夫（Adam Bogdanove）同时证明，"神话"蛋白具备完全可编程性。通过删减、添加和自由组合不同的"神话"手指，可以轻而易举地定位任意长度、任意序列的 DNA 片段。

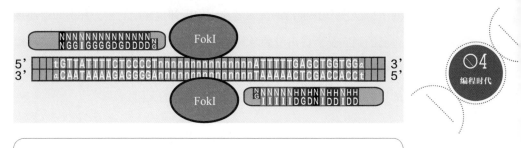

图 4-4 "神话"蛋白的工作原理

可以看出,和锌手指核酸酶系统不同,"神话"手指和 DNA 碱基乃是一对一的对应关系。每一段"神话"蛋白对应一个 DNA 碱基。如果将"神话"蛋白组装后与 FokI 剪刀相连,就可以实现 DNA 特定位置的切割和编辑。

　　毫无疑问,"神话"核酸酶(TALE nuclease, TALEN)比锌手指核酸酶要优越得多。完全可编程性让"神话手指"的组装变得极其容易,服务于锌手指的组合和筛选步骤变得完全没必要了。与此同时,因为每一根"神话手指"对应一个 DNA 碱基,而 DNA 一共只有 4 种碱基,那么理论上,我们只需要 4 根不同的"神话"手指就可以玩千变万化的万花筒游戏了。相比之下,每一根锌手指对应的是一段 3 碱基序列,而 3 碱基序列的可能组合有 64 种,做锌手指组合所需的手指数量,理论上显然多得多(现实中更是需要数百个)。

　　无意之中,基因编程时代的大门悄悄开启了。

　　过去 20 多年来,针对黄单胞菌进行的研究一直安静地待在生物学殿堂的角落——不管是从注意力角度还是从地理角度说都是如此。乌拉·伯纳斯的科学兴趣也始终是植物细菌和它们的宿主。在发现 AvrBs3 蛋白的时候,她一定没有想到这个狡猾的家伙日后会作为基因编程时代的领路先锋永载史册。没有比这更能说明科学探索的奇妙之处了！人类知识前沿的探索者在走向未知世界的时候，并不知道迎接自己的到底是猛兽出没的丛林还是伴随着鲜花掌声的坦途。也没有比这更能说明基础研究的价值了！人类知识疆域中任何看起来微不足道的扩展，都可能在不经意间打开全新世界的大门。

2009 年，全世界对基因治疗和基因编辑心心念念的科学家们，在同一时间看到了这种诱人的可能性。

率先撞线者之一是一位年轻的华裔科学家张锋（见图 4-5）。1981 年生于中国河北石家庄的他，11 岁时随父母移民美国，在著名的哈佛大学和斯坦福大学先后获得学士学位和生物学博士学位。值得一提的是，张锋在攻读博士学位期间的工作早已注定要载入史册。他和他的导师卡尔·戴瑟罗斯（Karl Deisseroth）一起发展了光遗传学技术。这是一种利用光学刺激和光敏感蛋白，精密控制神经元活动的工具。对于希望理解大脑如何工作，又如何在各种疾病中导致故障的神经科学家来说，光遗传学是阿拉丁神灯一般的存在。

2011 年，张锋和合作者设计并组装出了全新的"神话"蛋白，并证明它可以精确定位人类基因组并调节邻近基因的表达。与此同时，来自圣加蒙公司的科学家也证明，如果在"神话"蛋白上连上科学家们已经用过多年的 FokI 基因剪刀，新一代的基因编辑工具"神话"核酸酶就诞生了！他们证明，人工设计组装的"神话"核酸酶，可以媲美他们自己开发的锌手指核酸酶，能够对基因组实施精确而高效地编辑。

我们也可以说，圣加蒙公司这是在自己革自己的命。他们也明白，

"神话"蛋白的旭日初升，标志着锌手指蛋白时代的落幕。哪怕不惜抛弃自己钻研已久的独门绝技，也必须赶上"神话"蛋白和基因编程时代的列车！于是，围绕锌手指核酸酶的争议和对抗，最终以一种出人意料的方式收场了。专利和技术壁垒阻挡不了人类了解自然、认识和改善自身的永恒向往。

图 4-5　华人科学家张锋

在开发基于"神话"蛋白的基因编辑技术时，张锋刚刚结束了在斯坦福大学的博士研究，在哈佛大学接受了一份历史悠久的"青年研究员"职位。这个创立于20世纪30年代的精英学会巨星云集，包括行为心理学奠基人斯金纳（B.F.Skinner），二极管发明人、双料诺贝尔奖得主约翰·巴丁（John Bardeen），经济学家保罗·萨缪尔森（Paul Samuelson）等均是该学会的青年研究员。以青年研究员的身份，张锋在基因编辑技术先驱乔治·丘奇（George Church）的实验室开始了"神话"核酸酶技术的开发。

神话降临人间。2011 年，人类正式开启了基因编程时代。

颠覆和被颠覆

说起来也有意思。"神话"蛋白开启了基因编程时代，但编程时代的主角并不是它。"神话"蛋白的光芒如流星般转瞬即逝，说起在科学史上的影响，可能还比不上被它革了命的锌手指！

话说清末学人龚自珍有名句"但开风气不为师"，意思是说，自己只会用诗文引领思想潮流，绝不开馆授徒、建立朋党影响政治。这句诗后来被中国新文化运动奠基人之一的胡适先生故意歪曲了一下用来自嘲，说自己但开文学革命风气之先，成就却难称一代宗师之誉。

想来很有意思，胡适的故意歪曲反而无意间说出了人类历史发展的某种宿命：作为革命契机的突破，往往不会同时成为新时代的卓越建设者。历史的演进有自己缓慢而坚决的步伐，一个天才既披荆斩棘在旧思想的牢笼上剪破一道缺口，又总领新思维的全局成为一代宗师，这种可能性确实太小了。

我们讲到的"神话"蛋白，恰恰也是这么个"但开风气不为师"的角色。

它领风气之先，一手开启了人类基因组的编程时代。对于它的前辈锌手指来说，科学家们需要烦琐地筛选和组装步骤才能找到一套能够定位基因组特定序列的 GPS。而对于"神话"，基于它的完全可编程性，科学家只需要在计算机上把几根"神话"手指按照基因组 DNA

的编码顺序串联起来，就可以完成"神话"蛋白的设计工作。这两者之间的差别，就像模拟电视和数字电视的差别一样深刻久远。想想吧，在模拟电视时代想要插入一个动画形象需要做多少手工绘画和裁剪，而在数字时代，这一切都可以在计算机上高效完成。

同时，致力于开发"神话"蛋白技术的科学家，充分吸取了锌手指核酸酶技术被专利禁锢的教训，几乎总是第一时间分享和公开新的技术进展，供全世界同行们利用和进一步完善。于是，一时间风起云涌、群贤毕至，各种技术进步以眼花缭乱的节奏出现在学术期刊上。似乎利用"神话"核酸酶技术改造人类基因组的临床实践很快就要发生了！实际上，在短短一两年内，也确实有不少实验室已经开始在探索这种技术的临床价值了。例如，2013 年，南非科学家就发表学术论文称，可以利用"神话"核酸酶技术在乙肝病毒基因组上制造基因缺陷，破坏乙肝病毒在人体内的复制机制，用以治疗乙型肝炎。当然了，我们也必须知道，基础研究到临床应用之间的距离往往十分漫长——彼此之间隔着十几二十年的时间、数十亿美元的投入，以及难以预测的运气因素。但至少在当时，人们对于"神话"核酸酶技术的光明前景还是非常乐观的。

但我们不得不承认，"神话"蛋白也有自己的隐忧。正是这点不为人知的毛病，最终决定了它难以成为基因编程时代的一代宗师。

大家可能还记得，我们讨论过如果想要定位人类基因组上的一个特定位置，需要多少碱基排列信息，又需要组装出什么样的 GPS。就拿镰刀形红细胞贫血症相关的 HBS 基因为例，9 个碱基的排列是不足以完成精确定位的，而 21 个碱基就足够了。我们可以假定 21 个碱基是能够确定人类基因组中任何一个位置的魔法数量，以此来大致估算一下我们需要组装的基因组 GPS 有多大。

21 个碱基，根据一个锌手指对应 3 碱基序列的规则，需要 7 个串联的锌手指。一根锌手指大致包括 30 个氨基酸，那么我们一共需要把大约 210 个氨基酸串联起来。210 个氨基酸是什么概念呢？

必须说明，蛋白质分子并不能随心所欲地进出细胞，因此，当我们把锌手指送进人体细胞的时候，并不是直接把蛋白送进去。医生需要借助传统基因治疗的办法，用病毒工具把编码锌手指蛋白的 DNA 序列送进细胞，让人体细胞帮助我们制造"黄金手指"。因此，在实际操作中，我们需要借用病毒把一段大约 630 个碱基长度（3 个碱基密码子对应 1 个氨基酸）的 DNA 送进细胞。也就是说，锌手指蛋白的效率大约是 1：30（1 个目标碱基需要 30 个工具碱基）。当然，实际情况远比这个计算复杂得多，我们还没有算上 FokI 核酸酶的长度，没有算上许多辅助 DNA 序列，更没有考虑一般而言我们需要一对，而不是一个锌手指核酸酶来制造 DNA 双链的断口。

然而"神话"蛋白的效率是多少呢？按照这个简单的计算，是 1：102——每一个目标碱基，需要动用一整根"神话"手指，也就是 102 个碱基！

"神话"蛋白的效率要远远低于锌手指。这种低效率造成了两个问题。第一，针对人类基因组任一位置的定位，都需要超长片段的"神话"DNA，可是病毒载体运输 DNA 的能力是有极限的，这样一来，想要在运输"神话"DNA 的同时携带各种 DNA 操作工具

（FokI 基因剪刀）往往就会捉襟见肘。第二，尽管设计出这一长段"神话"DNA 仅仅是在计算机上动动手指的事情，但要在实验室里实际克隆出这么一段 DNA 就没有那么简单了，因为这需要把 20 多段序列几乎完全一致的 DNA 分别合成出来，然后再按顺序连在一起，不光实际操作的技术员会觉得困惑，负责 DNA 连接的蛋白质分子（我们称其为"连接酶"）也经常会搞错顺序！因此，在"神话"蛋白出现的前几年，科学家都在忙活着发明各种能够保证"神话手指"正确组装的技术。

然而，也就是在这短短一两年的时间里，也就是科学家们站在基因编程时代的大门口，充满热情地推动技术发展的时候，"神话"蛋白的风头迅速被另外一种更新的基因编辑技术盖过了，而且还被越甩越远。站在锌手指蛋白肩头，开启基因编程时代的"神话"蛋白从此化身为科学史上一级窄窄的阶梯，任由科学家们摩肩接踵地踏过，走向基因治疗的最前沿。

在"神话"蛋白降临之后的一两年里，发生了什么惊天动地的大事呢？

大家应该已经习惯这样的出场方式了：首创基因编辑之风的锌手指蛋白，来自罗伯特·里德实验室对 DNA 转录的研究。他们的研究发现了一类能够结合 DNA 特定位置，并启动 RNA 合成的蛋白质分子——转录因子。而针对转录因子 TFIIIA 的研究找到了能够一指点中 3 碱基序列的"黄金手指"——锌手指蛋白。锌手指蛋白在基因治疗中的亮相完全是意外之喜。"神话"蛋白也一样。它脱胎于乌拉·伯纳斯对黄单胞菌的研究——这本是一个和基因治疗、基因编辑风马牛不相及的研究领域。

2012年，来自生命科学僻静角落的纯粹基础研究，第三次彻底震撼了基因编辑领域。

而这次出头抢了"神话"风头的小兄弟，有个长得可以吓跑一半读者的学术大名，叫"成簇的规律间隔的短回文重复序列"（clustered regularly interspaced short palindromic repeats）。不过大家先不用害怕，这么佶屈聱牙的名字别说你们，就连科学家们也都记不住。于是大家用首字母组合"CRISPR"来称呼这种新技术。CRISPR的发音和英文单词"crisper"（保鲜盒）相似，而新鲜出炉的CRISPR技术也真的像这个发音暗示的那样，鲜活水灵，一个猛子扎到基因编辑的领地里，成功扮演了搅局者的角色。

其实CRISPR本身是个已经有些年头的发现。这种东西最早发现于1987年，那个时候就连锌手指都才初露峥嵘，更别说"神话"蛋白了。

1987年，一些日本科学家在研究大肠杆菌的时候，发现它的基因组DNA上有一些看起来怪里怪气的重复结构：有一段29碱基的序列反复出现了5次，两两之间都被32个碱基形成的看起来杂乱无章的序列隔开了。形象地来说，就像是给你几块一模一样的砖头，再发给你几根颜色不同的皮筋，然后要求你用不同的皮筋把砖头分别连起来，这样就有点像日本科学家发现的这段DNA序列了（见图4-6）。

图 4-6　CRISPR 序列的特征

, 在细菌基因组 DNA 上，出现了多次重复的 DNA 序列（双线），中间夹杂着多变的序列（单线）。

对于这种奇怪序列的具体作用，大家当时完全是一头雾水。在当时看来，DNA 主要有两种功能：一是负责编码蛋白质的氨基酸序列，直接参与蛋白质生产（3 碱基对应 1 个氨基酸）；二是辅助蛋白质生产（例如有些 DNA 序列是负责和转录因子结合的）。而这种串联起来的重复结构看上去两者都挨不上边。

当然了，这本身也谈不上是什么大问题，生物学里奇奇怪怪的发现实在太多了。地球生命在半径 6 000 多千米的地球上进化了 40 多亿年，有着什么样奇怪的特征都不足为奇。也许大肠杆菌这段 DNA 压根就没什么用也未可知，人的腋毛和阑尾不是看起来也没什么用处嘛！

然而，仅仅几年以后事情就开始发生变化了。1993 年，西班牙科学家弗朗西斯科·莫西卡（Francisco Mojica，见图 4-7）在另一种细菌——地中海嗜盐菌——里又一次发现了这种古怪的重复序列。

这就有趣了。要知道从大肠杆菌到地中海嗜盐菌，这两种细菌从生活环境到进化历史都毫无相似之处可言。如果我们在大街上看到一个壮汉提着一串用彩色皮筋绑起来的砖头，还可以认为是这个壮汉闲得无聊或者在酒后装疯，但要是一天之内见到了两个这样的壮汉，肯定会自问一下，这串砖头是不是当地的某种奇怪民俗啊？

好巧，莫西卡也是这么想的。于是他继续在各种奇奇怪怪的细菌里寻找。到了 2000 年，莫西卡利用当时刚刚兴起的生物信息学技术，在海量 DNA 数据库里进行检索，竟然在 20 种不同微生物中都发现了这种名为 CRISPR 的重复 DNA 结构！

这就有意思了，而且这几乎肯定说明了 CRISPR 不太可能是

图 4-7　弗朗西斯科·莫西卡
西班牙埃尔坎特大学科学家，CRISPR/cas9 系统早期研究的重要人物。

偶然现象，也不太可能仅仅是某种奇怪而无用的民俗，它应该有着非常重要乃至性命攸关的生物功能。要知道，对于任何有机生命来说，保存、复制和传递遗传物质都是件很困难也很浪费资源的事情——大家可以回忆一下我们故事里讲到过的 DNA 半保留复制和 DNA 损伤的修复。因此，要是 CRISPR 没有用处，在自然选择的作用下，我们很难想象会有这么多不同的物种会不约而同地同时保留了这么一长串的废物 DNA。

于是莫西卡和他的同事决定去探索一下这种未知的功能到底是什么。2005 年，他们手里已经掌握了来自 60 多种细菌的多达 4 500 段 CRISPR 序列，接下来就是看看它们之间有没有什么共性。一经对比，

自然就看到奥妙了，有 88 段 DNA 居然在不同细菌中出现了多次！这 88 段大多是 CRISPR 序列中夹在重复序列之间的片段——不是砖头，是连接砖头的彩色皮筋。更妙的是，这 88 段中还有相当部分——47 个——居然还不只存在于细菌里面。它们居然和许多病毒的基因组序列信息高度一致！

当然了，听过了基因治疗的故事，相信你们马上会想到，这些 DNA 也许是病毒入侵细菌之后，藏身于细菌基因组里的痕迹，就像寄居人体细胞的 HIV。但这个最简单的解释其实是站不住脚的。莫西卡他们发现的并不是完整的病毒 DNA，而仅仅是病毒 DNA 的一小段，只有这一小段是没法制造出病毒来的。更重要的是，看起来对于这些病毒 DNA 片段，细菌是经过了小心处理的，因为它们总是被夹在一段段精心设计的重复序列里。

所以简单来说，这些 CRISPR 应该不是病毒藏身于细菌基因组的痕迹，反而像是细菌在基因组里收藏了某些病毒不同角度的快照。

这当然不是细菌暗恋病毒的证明——生物学家们没那么浪漫，而且，细菌大概也不会那么热爱这些病毒。因为这些被 CRISPR 序列记录下来的病毒并不普通。与入侵人体细胞的 HIV 和入侵植物细胞的烟草花叶病毒类似，CRISPR 记录下的病毒，恰好是专门入侵细菌的病毒。它们依靠细菌维持自身的生存繁衍，也因此会对细菌造成致命伤害，所以它们被恰如其分地命名为"噬菌体"。

我们已经说过，宿主和病毒在亿万年的光阴里一直在玩猫捉老鼠的游戏。以人体为例，人体进化出了多种多样的机制来清除入侵身体的病毒颗粒，比如免疫系统。我们身体里有一类具备特殊功能的细胞，能够有效识别和杀灭身体里的病毒，保护身体的其他组织和细胞。

细菌作为一种单细胞生物，显然不可能期待来自其他细胞的帮助。因此，如果细菌也希望抵御病毒的入侵，必须依靠自身细胞内的资源和手段。会不会就是 CRISPR？

这个想法初看起来很疯狂：谁能相信一段 DNA 就能实现一整套免疫系统的功能？但是仔细想想却很耐人寻味。CRISPR 肯定有着重要的功能，同时又携带着许多病毒的信息；这些病毒恰恰又是对细菌威胁最大的噬菌体。这三条放在一起的话，一个自然的猜测不就是 CRISPR 能帮助细菌抵抗噬菌体吗？

这个想法验证起来也不难。我们大家也能设计出这样的实验来：如果一切正如我们的猜测，那携带着某种病毒信息的 CRISPR 序列应该就具有病毒疫苗的功能。拥有这段 CRISPR 序列的细菌应该不容易被这种病毒入侵，而如果把这种 CRISPR 转移到另一种细菌中，也能让这种新的细菌具有免疫力。

很快，就在 2007 年，这个想法得到了完美证明。一群在丹尼斯克食品配料公司工作的科学家证明，在嗜热链球菌中人工添加一段 CRISPR 序列，可以帮助细菌抵挡某种对应病毒的入侵。这群科学家甚至还证明，细菌的免疫系统和人体一样，居然还有自我进化的高级功能！每当有新的噬菌体病毒入侵，侥幸存活下来的细菌就会把它的基因组序列整合到自己的 CRISPR 序列中。下次有同样的病毒入侵时，细菌就可以正确识别和对抗它们了。顺便提一句，这帮科学家的研究对象——嗜热链球菌，乃是现代酸奶工业的基石。因此，他们开展研究的出发点，也许仅仅是为了解决酸奶生产中经常出现的噬菌体感染问题！

好了，截至目前，CRISPR 的生物学价值应该足够惊世骇俗了。原来以为只有人类这样的高等生物才拥有复杂的免疫系统，谁能想到只有一个细胞、几微米大小的细菌居然也有。而且和人体免疫系统一样，细菌的免疫系统居然也具备自我进化、迅速适应和对抗新病毒入侵的能力。从任何角度出发，这都是项足以载入史册的重大发现。这个发现无比优雅和简练地说明了有机生命的伟大生命力。一个小小的细菌，没有多余的空间和资源来创造复杂的免疫系统，仅仅用自身基因组序列上的一小段重复 DNA 片段，就能够抵挡病毒的侵袭。

讲到这里，你可能会问，CRISPR 的故事再精彩，和基因编辑、基因治疗又有什么关系呢？其实真相并不复杂。如果合上书本，把前因后果想上几分钟，也许你就会明白其中的奥妙。CRISPR 里面含有病毒的部分 DNA 序列与 CRISPR 能够抵御病毒的入侵，这两点之间有什么关系吗？凭什么仅靠记录一张病毒的快照，细菌就能够杀死入侵的病毒呢？

想清楚这一点，全新的基因编辑技术就呼之欲出了。

超轻量级选手

继续我们的问题：靠记录下病毒的遗传信息，细菌为什么就能抵御病毒入侵呢？

为了说清楚这个问题，我们再来回想一下病毒的生命史。我们已经知道，病毒本身并不具备独立生存繁衍的能力。病毒的"生命力"依赖于病毒颗粒能够进入宿主细胞，释放出自身的遗传物质，并且利用宿主细胞的资源帮助其复制繁衍。那么可以想象，对于病毒而言，它们进入宿主细胞后的第一件事就是迫不及待地把自己的遗传物质给释放出来——或者说暴露出来。反过来，对于饱受噬菌体之苦的细菌而言，病毒入侵的第一个标志是不是就是病毒遗传物质在细胞内的出现？既然如此，细菌是不是也可以利用这一点来实现对病毒的精确打击：一旦在细胞内监测到病毒遗传物质的出现，就第一时间启动防御机制？

如果真是这样的话，CRISPR 序列的功能也许就可以理解了。既然 CRISPR 序列中有一部分和病毒遗传物质完全一样，那么是不是可以想象这样一个过程：细菌会把细胞内存在的所有 DNA 都一一抓来和 CRISPR 序列仔细比对，一旦发现两者完全一致，就意味着病毒在细胞内出现了，就必须马上启动防御机制？

这种做法听上去很合理。不过，合理的可能性和真实的生物学之间，还间隔着漫长的探索过程。在做酸奶的法国科学家揭示了细菌的免疫功能后，许多实验室立刻开始着手尝试解释 CRISPR 序列的工作机理（见图4-8）。

科学家发现，和细菌体内正常编码蛋白质的基因一样，CRISPR序列也能被转录成RNA分子。这些短短的RNA分子会和细胞内的某种蛋白质结合（这类蛋白也因此被称为cas蛋白，也就是CRISPR结合蛋白的意思），像哨兵一样在细胞里终日巡逻。这位哨兵寻找的对象，是任何一段能够和CRISPR RNA完美配对的DNA分子。一旦两者相遇并结合，哨兵就会启动cas9蛋白的切割功能，将这段DNA切成一个个小的片段。也就是说，细菌的全套免疫系统，仅仅就是一个自带切割功能的蛋白质，一段自带识别功能的RNA。

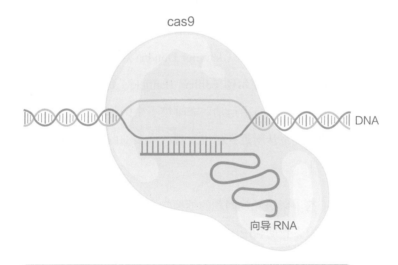

图4-8　CRISPR/cas9系统的工作原理

当cas蛋白携带着来自CRISPR的向导RNA在细胞内"巡逻"时，一旦捕获到一段DNA序列能与向导RNA完美契合，就会激活cas9蛋白，实现DNA切割，立刻消灭掉潜在的病毒入侵者。

如果此时我们再度回想锌手指和"神话"蛋白就会发现，与细菌相比，复杂生物的 DNA 识别机制竟然是如此低效。我们说过，锌手指识别 DNA 的效率是 1∶30，而"神话"蛋白更是低至 1∶102。而细菌的 CRISPR 识别 DNA 的效率是 1∶1，这是在理论上就无法逾越的识别效率！如此惊人的识别效率，是因为 CRISPR 完全避免了 DNA 和氨基酸之间的转换，完全依赖 RNA 而不是氨基酸序列实现对 DNA 的识别。由于 DNA 的每个碱基恰好对应 RNA 的一个碱基，因此，CRISPR 实现了最简洁的 DNA 识别，堪称超轻量级的基因组 GPS。而这个能力也迅速被用于开发新一代的基因编辑技术。

2005 年，就在莫西卡从海量 CRISPR 序列中发现规律，第一次提出细菌免疫可能性的时候，美国加利福尼亚大学伯克利分校的结构生物学家珍妮弗·杜德纳（Jennifer Doudna）也偶然从地球微生物学系的同事吉利恩·班菲尔德（Jillian Banfield）那里听说了 CRISPR。某天在校内的"言论自由运动"咖啡馆小坐闲聊时，班菲尔德告诉杜德纳，她的实验室从附近铁矿中发现的许多细菌，也带有这种神奇的 CRISPR 序列。

与一心想着解决免疫问题的细菌学家不同，杜德纳是功成名就的结构生物学家，长期利用 X 射线衍射方法研究蛋白质大分子的三维结构。因此，对 CRISPR 产生兴趣的杜德纳自然希望利用老本行来探究 CRISPR 的三维结构，看看它们究竟是怎样实现对病毒 DNA 分子的识别的。

但杜德纳在几年内都没有取得很好的进展。事后想想，她的探索

HUMAN
GENE
EDITING

上帝的手术刀
基因编辑简史

172

其实是有点超前的。2005 年的时候，人们还不知道 CRISPR DNA 需要先转录成较短的 RNA 分子，才能发挥功能（这一点直到 2008 年才发现），也不知道 CRISPR 的真实功能是切割病毒 DNA（这一点直到 2010 年才发现），更不知道 CRISPR RNA 发挥功能需要一系列与之结合的 cas 蛋白（这一点也是 2008 年才发现）。实际上，即便是在 2010 年，人们已经知道细菌的免疫系统是 cas 蛋白和几段 RNA 的复合体时，杜德纳都还没有找到合适的入手点。2010 年，人们发现 CRISPR RNA 会结合好多个 cas 蛋白，而解析一个拥有七八个蛋白质分子、好几段 RNA 片段的庞大蛋白复合体结构，直到今天在技术层面都还相当困难。

到了 2011 年，杜德纳终于找到了突破口。或者更准确地说，是突破口找到了她。

当年 3 月上旬，杜德纳飞往美丽的波多黎各参加一场由美国微生物学会组织的会议。会议的主题是"细菌中的 RNA 分子"——这正是杜德纳整个职业生涯一直关注的目标。从浓雾时雨的北加州飞往阳光明媚的加勒比海，杜德纳的心情无疑是轻松愉快的。直到一位表情严肃的女科学家走上前来，轻声问她："能出去走走顺便请教您几个问题吗？"

这个女科学家是任教于瑞典于默奥大学的法国人艾曼纽·卡朋特（Emmanuelle Charpentier）。这场不期而遇的对话标志着人类基因治疗领域新的起点，毫无异议将被写入当代科学史（见图 4-9）。

图 4-9　盛装亮相的两位女科学家

2014 年 11 月，杜德纳（右二）和卡朋特（右三）一同获得了由硅谷创业精英创立的"生命科学突破奖"，并获得了每人 300 万美元的奖金。这也是史上数额最大的科学奖项。顺便说一句，图中右一是著名女演员卡梅隆·迪亚茨（Cameron Diaz），左一是 Twitter 公司前 CEO 迪克·科斯特罗（Dick Costolo）。

和杜德纳一样，卡朋特也对 CRISPR 序列有着特别的兴趣，但两人的研究背景大相径庭。和结构生物学出身的杜德纳不同，卡朋特受过长期的细菌生物学训练，对细菌本身所属的生物学更加熟悉。而在这场海边的对话中，卡朋特提到她自己的实验室在研究一种危险的人类致病菌——化脓链球菌——当中的 CRISPR 序列。她的实验室发现，细菌中仅仅需要一种 cas 蛋白（后来大名鼎鼎的 cas9，当时的名字还是 csn1）和两段 RNA 分子，就可以识别和切割病毒 DNA！

于是，杜德纳和卡朋特顺理成章地开始了她们的合作。对杜德纳而言，研究一个蛋白质的结构和功能显然比研究一大堆蛋白质轻松得多；而对于卡朋特而言，她也非常想从结构生物学的角度，更好地理解 cas9 到底是如何发挥功能的。两个相隔万里之遥的实验室迅速展开了合作，最终在 2014 年完美解释了 CRISPR/cas9 系统的工作原理。我们可以把 cas9 蛋白想象成有着两个卡槽的接线板，卡槽内能够同时插进一条 CRISPR RNA 和一条病毒基因组 DNA。当插入的 CRISPR RNA 和病毒 DNA 的序列一一配对时，cas9 蛋白就会发生变形，准确卡住病毒 DNA，毫不犹豫地挥起剪刀。这正是细菌免疫系统的工作原理。

在此之前的 2012 年，两个实验室首先证明了 CRISPR/cas9 系统能够作为新一代的基因编辑工具。他们对这个系统进行了进一步简化，把系统所需的 RNA 从两条合并成了一条向导 RNA。与此同时，他们抛开病毒免疫的概念范畴，第一次证明了这个双组分系统的完全可编程性：人工设计的向导 RNA 可以让 cas9 蛋白指哪打哪，切割任意指定的一段 DNA 序列。

而这个时候距离"神话"核酸酶技术的出现也不过短短一年而已！当科学家们还在努力改善"神话"蛋白的组装方法，生物技术公司还在跃跃欲试准备用"神话"蛋白展开基因治疗尝试的时候，CRISPR/cas9 技术的从天而降，宣示了"神话"技术的终结。毕竟这一次，要定位和切割任意一段人类基因组序列，只需要科学家设计几十个碱基长度的序列即可，这把基因编辑的工作量一下子减少到原来的 1/100！

看不见硝烟的战场

即便在几年后的今天，我们仍然可以感受到整个科学界的狂热反应。杜德纳和卡朋特的发现不仅仅是一项基础研究成就——尽管这项成就几乎肯定会获得诺贝尔奖。如果这项技术确实如两位女科学家所言那么高效便捷，也许整个基因治疗市场会被重新定义。谁能抢得先机，谁就能在这个广阔的舞台和市场上占据先发优势。

在2013年年初的短短数周内，三个实验室相继证明，人工设计的CRISPR序列与cas9蛋白结合，确实可以高效编辑人类基因组。新一代人类基因编辑技术正式走入现实。这三个研究组包括杜德纳自己，也包括任教于哈佛大学医学院的乔治·丘奇和任教于麻省理工学院布罗德研究所的张锋——后两位在"神话"蛋白的研究中已经发挥过重要作用，是基因编辑领域的老兵了。

与以往的基因编辑技术相比，例如锌手指蛋白和"神话"蛋白，CRISPR/cas9技术的优势实在太过明显了。从工具准备的角度看，设计和制造一个用于基因组定位的RNA片段，对于任何一个稍加训练的生物学研究人员来说都是易如反掌的事情，远远简便于锌手指蛋白和"神话"蛋白的组装。与此同时，上述三个实验室的工作也证明，CRISPR/cas9系统的工作效率要远远高于其他两种技术，这意味着现实中改变任何生物乃至人类自身的基因组的成功率都会大大提升。甚至在张锋实验室2013年发表的论文中，他们还证明可以一次性利用几段不同的向导RNA来实现对基因组的多点精确手术操作，这是之前任何基因编辑技术都无法达到的高效率。

在工业和临床应用中，易如反掌就意味着低门槛，高效率就意味着低成本和短周期。而这些优势也就意味着新的CRISPR/cas9技术，会把许多不可能都变为可能。

过去几年间，整个科学界的的确确见证了许多不可能的实现。

利用 CRISPR 系统实现对特定基因的破坏、修复、关闭和启动；对 cas9 蛋白和向导 RNA 的不断优化（以提高效率，降低差错率）；多线程的 CRISPR/cas9；利用 CRISPR/cas9 系统尝试治疗疾病（已经尝试过的疾病类型包括癌症、肥胖症、艾滋病、乙肝，以及包括镰刀形红细胞贫血症在内的各种遗传病）；利用 CRISPR/cas9 系统研究基础生物学问题（包括用于大规模遗传筛选和制造各种基因缺陷的动物模型）。最终，就在 2016 年，来自四川大学华西医院的医生，已经开始将这项技术应用于治疗人类疾病。在一项 2016 年 10 月开始的临床试验中，中国的科学家们将肺癌患者的免疫细胞提取出来，利用 CRISPR/cas9 技术修改了细胞中的一个基因，再将这些细胞注入患者体内。他们期待，经过基因改造的免疫细胞能够攻击患者体内的肿瘤。此时，距离 CRISPR/cas9 系统的发现才过去了短短 4 年。

和学术界的高歌猛进同时发生的是，资本也在疯狂涌入这个看起来遍地黄金的市场。是啊，在如此高效的技术背景下，有太多太多愿景可以自由畅想。我们是不是可以利用这项技术，修改各种农作物和家禽牲畜的基因组，让它们更加高产、抗害、有营养？我们是不是可以改造各种工业微生物，让酸奶更可口、让奶酪更香醇、让葡萄酒更醉人？是不是可以用它来修改受精卵的基因组以避免先天遗传病？是不是可以用于修改患者的基因组，治疗他们的疾病，甚至让人类更聪明、更健康、更长寿？

有市场分析认为，几年之内以 CRISPR/cas9 系统为基础的基因编辑市场会达到每年数十亿美元的规模。而更乐观的估计则认为，这是一个年销售额接近 500 亿美元的庞大市场。

于是，在全世界的实验室你追我赶地继续完善和发展 CRISPR/cas9 技术的同时，围绕着知识产权和商业利益的战争也开始了。

2014 年 4 月 15 日，美国专利与商标局在万众瞩目中，将与 CRISPR/cas9 技术相关的第一项专利，授予了张锋和他所在的布罗德研究所（见图 4-10）。这项内涵深广的专利涵盖了 CRISPR/cas9 技术在所有真核生物方面——包括各种动物、农作物以及人类自身——的应用。

图 4-10　CRISPR/cas9 技术的第一项专利许可

授予布罗德研究所和麻省理工学院，发明人张锋，授予日期 2014 年 4 月 15 日，专利编号 US 8 697 359 B1。

这项专利意味着从此以后如果任何公司试图利用 CRISPR/cas9 技术改造动物、植物、微生物乃至人类自身，必须首先从布罗德研究所获得专利授权，否则就会侵犯布罗德研究所的专利权。布罗德研究所靠这项专利不光可以坐拥主动送上门来的滚滚专利许可费，而且可以从源头上控制整个基因编辑和基因治疗产业！

这边布罗德研究所的庆功酒还没开场，一场战争就已经箭在弦上。CRISPR/cas9 技术的专利所有权到底是谁的？

从前面的故事来看，CRISPR/cas9 技术最早的发现者难道不是杜德纳和卡朋特吗？为什么她们没有拿到专利？就算是张锋实验室确实最早证明这项技术在人类细胞中可以工作，那差不多同时哈佛大学的乔治·丘奇实验室以及杜德纳本人的实验室也证明了这一点，为什么专利不是三方共享呢？

在讲锌手指核酸酶故事的时候我们已经掰扯过一点知识产权保护的来龙去脉和巨大影响了。如果说在那个故事里，虽然有圣加蒙公司利用专利保护构建壁垒的历史遗憾，但知识产权保护系统还是更多起到了正面作用的话，在 CRISPR/cas9 的故事里，这套系统更多的则是暴露出了问题和缺陷。

一切还需要从头说起。实际上，杜德纳和卡朋特所在的加利福尼亚大学和维也纳大学，也绝不会无视 CRISPR/cas9 技术的巨大价值。早在两位科学家的学术论文发表前，两家学术机构就已经在 2012 年 5 月向美国专利与商标局提交了正式的专利申请，内容涵盖了该技术几乎全部的应用领域。在那个时候，张锋他们证明 CRISPR/cas9 技术用于编辑人类基因组的学术论文尚未发表（2013 年 1 月发表），张锋和布罗德研究所的专利申请也尚未提交（2012 年 12 月提交）。看起来不管是学术承认还是专利授予，杜德纳和卡朋特都占尽了先机。事情要是就这样发展下去，CRISPR/cas9 的专利毫无疑问属于杜德纳和卡朋特，也属于加利福尼亚大学和维也纳大学。

但魔鬼在细节里。

在这场看不到硝烟的战斗中，两个看起来微不足道的细节决定了成败——至少是在战局一开始。第一个细节是，布罗德研究所的律师们在提交专利申请时，大概是意识到己方已经严重落后，因此特别申请了美国专利与商标局的快速审批通道。简单来说，美国专利与商标局近年来审核专利申请的人手严重不足，导致许多专利申请被挤压，等待一纸批文可谓遥遥无期。于是他们就想了个非常"资本主义"的办法：着急的专利申请者可以交钱申请快速审批。急于获得专利的人交钱买时间，不着急的人慢慢熬但可以不用出这笔钱，也算是皆大欢喜。布罗德研究所正是充分利用了这个条款，硬是无中生有创造出了时间。实际上，美国专利与商标局首先审核了张锋他们的专利申请，尽管他们的申请比加利福尼亚大学晚了足足 7 个月！

那这个让张锋他们后来居上的快速审批，需要交多少额外的申请费呢？说出来你可能觉得难以置信：只有区区 70 美元！想到区区 70 美元就决定了价值数十亿美元的专利以及价值成百上千亿美元的基因治疗市场，真是让人哭笑不得。

当然，你可能会说，这未免也太不公平了吧？专利应该授予的是第一个做出发明创造的人啊？如果谁交钱谁就能拿到专利，那这样的专利保护制度还有什么用？别急，知识产权保护系统当然没有这么唯利是图。这套系统的本意当然是为了保护和激励第一个做出发明创造的人。但到底如何认定谁是"第一个"，特别是在有好几方都抢着说自己才是"第一个"的时候？

这就要说到第二个魔鬼的细节了。在世界上绝大多数国家的专利法系统里，如果出现不同的人或实体试图申请同一类东西的专利时，一般遵循的是谁先提交申请谁就能获得专利的规则（"first-to-file"）。换句话说，谁是"第一个"就看谁先提交专利申请。这样处理的好处是避免纠纷，因为关于谁先递交申请这事儿是有据可查、一目了然的。当然，这种处理办法的坏处就是，万一隔墙有耳偷去了发明人的想法或技术，然后抢先申请专利，那谁也拿他没有办法。

而美国长久以来采用的都是所谓谁先发明谁就能获得专利的规则（"first-to-invent"）。实际上，在过去的十几年时间里，美国还是全世界唯一一个采用这种规则的国家。这种谁先发明谁获得专利的系统，看起来非常理想主义：专利应该保护真正率先将它实现的人，而不是那个匆匆提交专利申请的人。万一有人鼠窃狗偷，真正的发明人就可以借由这个规则保护自己的利益。但我们马上就会意识到，这个系统在现实操作中却造成了巨大的麻烦。专利申请人如何才能证明自己是第一个发明的人？总不能靠自己空口无凭去说吧？

可能也正是基于这个理由，美国决定在 2013 年年初彻底改革专利法系统，追随"世界潮流"，也开始按照谁先申请谁获得专利的办法做事（见图 4-11）。可是别忘了，不管是杜德纳和卡朋特身后的加利福尼亚大学，还是张锋身后的布罗德研究所，都是在 2012 年内提交的专利申请。因此，对他们两家专利权纠纷的裁决，还必须按照原先那个比较"天真幼稚"的"谁先发明谁获得专利"的思路来！

图 4-11 奥巴马签署批准《美国发明法案》

2011 年 9 月 16 日，美国前总统奥巴马签署批准《美国发明法案》，正式确定了美国专利法系统将于 2013 年 3 月 16 日转向 "谁先申请谁获得专利" 系统。不要小看了专利法范畴的这个微小变化，对知识产权的保护是美国的立国精神之一，是美国的立国之本。在 1787 年美国宪法中已有明文规定，为了促进科学和技术的进步，国会有权授予作家和发明家著作权和专利权的保障。

这样一来就更麻烦了。因为证明 "率先发明 CRISPR/cas9 技术" 这件事并没有那么轻而易举。要知道现代生物学研究已经变得非常复杂，任何一个技术的实现都免不了翻来覆去、周而复始的试错和改进，到底做到什么程度才算是 "实现"？又怎么证明这一点呢？

如果仅看公开的论文发表记录的话，杜德纳和卡朋特本来是有天然优势的，毕竟是她们俩在 2012 年率先发表论文，证明了 CRISPR/cas9 技术的可行性，而张锋他们的论文到 2013 年 1 月才问世。然而，有备而来的布罗德研究所一口气提交了上千页原始证据，从基金申请书、个人通信记录一直到实验记录本，试图证明张锋实验室早在 2011 年已经有了开发 CRISPR/cas9 技术的想法，在 2012 年初就已经发明了这项技术——比杜德纳和卡朋特的论文发表时间还早！既然如此，

上帝的手术刀
基因编辑简史

HUMAN GENE EDITING

依据"谁先发明谁获得专利"的制度设计，专利理所当然属于张锋，属于布罗德研究所。

平心而论，相比加利福尼亚大学原本的专利申请，布罗德研究所的专利申请范围要小一点点——其中包括了 CRISPR/cas9 技术在真核生物中的应用，但并不包含该技术在细菌中的应用。但是考虑到真核生物包括所有的真菌、动物、植物，当然也包括人体，布罗德研究所几乎没有给加利尼亚大学的专利申请留下任何机会。

深感被忽悠和羞辱了的加利福尼亚大学和杜德纳、卡朋特一方显然不会轻易放弃这只下金蛋的鹅。在经过长达一年的精心准备之后，加利福尼亚大学于 2015 年 4 月向美国专利与商标局提交了多达 114 页的抗辩材料，以及几千页的补充证据。他们试图让美国专利与商标局相信，布罗德研究所申请的专利与加利福尼亚大学的专利申请"存在抵触"从而无效，而加利福尼亚大学才是这项技术真正的拥有者。

可能刚刚看明白布罗德研究所为什么能获得专利批准的你，这下又糊涂了。不管这个优先审批通道是不是有点不靠谱，布罗德研究所确实老老实实交了 70 美元申请费；不管这个"谁先发明谁获得专利"的制度是不是有点蠢，张锋他们也确实提交了充足的证据。加利福尼亚大学这下又能使出什么绝处逢生的招数呢？

这里就要稍微多讲几句专利保护制度：什么样的发明创造才能申请专利呢？大致而言，各国的专利法都规定，只有满足以下三种情况的申请才会被授予专利：新颖性、创造性和实用性。其中，新颖性不用解释，指的就是发明创造"第一人"的地位。实用性理解起来也很容易：你的发明创造总得有点可能的实用价值，否则拿来申请专利就等于是在浪费国家知识产权保护系统的有限资源。

而创造性就值得多说两句了。创造性，可以理解成如果一个发明创造尽人皆知、显而易见，就不该获得专利。打个比方，如果你看到一个红色的玩具很受孩子欢迎，你觉得把颜色换成绿色也挺不错，这个想法就不能获得专利保护，因为实际上任何孩子（或者任何玩具制造商）都能轻而易举地想到这个主意。这项条款本质上是为了防止专利保护被滥用。要知道，专利保护的本质，是国家通过保证专利发明人在一段时间内的商业价值独占权，以"纵容"垄断为代价推动和鼓励创新。那么可想而知，如果一个发明创造显而易见，根本不需要人为去推动和鼓励就能出现，那自然也就不值得为此付出"纵容"垄断的代价了。

而恰恰是这一点要求成了现代许多专利官司的入手点。毕竟绝大多数创新都是微小的、局部的、改良性的。一项创新是否真的显而易见，往往并没有那么容易判断。

被逼到绝路的加利福尼亚大学正是紧紧抓着这一点不放。他们声称，布罗德研究所的专利压根就不能成立，因为张锋一方的研究结果并不能满足创造性的标准。他们的解释是，在张锋他们提交专利申请的 2012 年年底，杜德纳和卡朋特的学术论文早已公开发表，已经证明了 CRISPR/cas9 技术在试管里的有效性。从这篇论文出发，想到在人类细胞中应用该技术，无非是一个"显而易见"的推广应用而已。加利福尼亚大学的律师们反复强调，从杜德纳和卡朋特的发现到张锋的发现可谓顺理成章、水到渠成，"不需要任何特殊的佐料"！

于是加利福尼亚大学看起来似乎稍稍扳回一局。毕竟他们的论据无懈可击：在杜德纳和卡朋特的论文发表后短短几个月里，全世界数家实验室都证明了 CRISPR/cas9 技术能够编辑人类基因组（其中就包括杜德纳自己的实验室、张锋所在的实验室以及乔治·丘奇实验室）。如此一呼百应的技术发展，恰恰说明其"显而易见"。而布罗德研究所一方也绝非只能坐以待毙，他们的抗辩也一定会从是否"显而易见"上入手。比较重要的是，杜德纳本人数次在公开场合声称，在人类细胞中应用 CRISPR/cas9 技术并不是特别简单，自己的实验室也遇到了不少技术问题。相信这一点一定会被布罗德研究所的律师们牢牢抓住用来反驳"显而易见"的理论。而且事实上，生物学研究历史上，也确实有不少这样的例子：理论上看起来有效的工具，到实际上能在生物系统中高效应用，之间还是需要反复的试错和优化过程。

2016 年 1 月，美国专利与商标局宣布开始重新审查 CRISPR/cas9 技术的相关专利。整个世界都在屏息等待最终的专利归属。① 上一次一纸薄薄的专利授权书吸引了全世界的目光，可能要追溯到近 100 年前，天才的勤杂工、发明家费罗·法恩斯沃斯（Philo Farnsworth，见图 4-12）赢得了与巨无霸美国广播公司的专利权官司，捍卫了自己电视发明人的地位！就在本书收尾的时候，专利争端尚未尘埃落定。我只能说，不管美国专利与商标局如何判决，这场专利大战都不太可能就此尘埃落定，落败的一方必然会诉诸更高级别的司法裁决。而这场专利大战的最终战果，也必然会给这个价值成百上千亿美元的市场留下深远的影响。

---

① 2017 年 2 月，美国专利审判和上诉委员会做出裁决，判定布罗德研究所和加州大学的专利并没有抵触之处，前者的专利继续有效。当然必须说明，此判决并不意味着加州大学的专利申请失去了机会。鉴于双方的专利诉求存在较大范围的重合，可以预计未来仍然会有大量围绕 CRISPR/cas9 技术的专利纠纷。

图 4-12　费罗·法恩斯沃斯

电视之父、美国的国家英雄。对于中国读者来说，"电视发明人"的称号往往和另一位发明家，英国人约翰·贝尔（John L. Baird），联系在一起。实际上，贝尔确实是世界上第一台电视的发明人，但日后使用更加广泛的阴极射线管电视（也就是我们耳熟能详的显像管电视）则出自法恩斯沃斯之手。值得说明的是，法恩斯沃斯虽然成功捍卫了自己的电视专利和"电视之父"的称号，但他本人却没有从电视的商业化中获利。

　　专利战争的硝烟，并没有阻挡资本的脚步。尽管现在谁都难以预测 CRISPR 技术的专利终将花落谁家，又或者是否能以一种共赢的方式达成和解，投资人和医疗行业巨头对这项技术的兴趣仍在不断高涨。

　　商场上的竞争可能要比专利权之争更为复杂！加利福尼亚大学的杜德纳参与成立了卡里布生物科学（Caribou Biosciences）和易达利治

疗（Intellia Therapeutics）两家公司。杜德纳的合作伙伴卡朋特参与成立了总部位于瑞士巴塞尔的CRISPR治疗公司。而杜德纳和卡朋特的直接竞争者、哈佛大学医学院的乔治·丘奇教授与布罗德实验室的张锋则联手创立了爱迪塔斯医药（Editas Medicine）公司。毫无疑问，利用CRISPR/cas9技术进行人体基因编辑和基因治疗将是四家公司的重点发展方向。背靠CRISPR/cas9这项21世纪最具革命性的生物技术，几家公司总计获得了上亿美元的风险投资，其中爱迪塔斯医药公司更是早早登陆纳斯达克。换句话说，在专利权归属尚未尘埃落定的时候，资本方已经抢先押宝，开始推动各式各样的商业化研究了！

带着对未来的不安和美好期待，故事也到了该说再见的时候。希望在我们的故事里，你们能看到知识产权和商业的白热化竞争，更能看到许许多多隐藏在进化背景里的奇妙现象，以及它们是如何一点一点被人类好奇的眼光所注视和理解的。我也希望你们能看到人类探索自然奥秘的道路上有多少曲折反复，有多少激动人心的高光时刻。最重要的是，我还希望你们能看到多少实验室里不经意间的有趣发现，用一种巧夺天工的方式最终造福了人类自己。

可能我们这种跳得不高、飞得不远、力气也不大的卑微的碳基生命，就是这样一步一步走出非洲，并在全世界开枝散叶建立文明的。也正是因此，我们才能够把飞船送出太阳系，把眼光投向亿万光年之外和原子之间的。而我们这一次终于操起了上帝的手术刀，开始对自身遗传信息进行编辑和修改，这会不会是人类文明漫漫征途上的下一个接踵而至的光荣与梦想？

05

未来，和未来
的未来

意想不到的突破

从基因到基因导致的疾病，从"缺啥补啥"的传统基因治疗到"精确打击"的基因编辑，从"黄金手指""神话"蛋白到新鲜出炉的 CRISPR/cas9，前面的故事讲的是历史，是一段人群中的英雄们努力理解自身、试图抗击病痛的奋斗史。

而从这里开始，我们来谈谈未来。

首先必须说明，不管从传统基因治疗到基因编辑概念的突破有多深远，也不管 CRISPR/cas9 技术的应用潜力有多大，基因治疗和基因编辑领域都还远没有达到真正瓜熟蒂落、高枕无忧的时候。

CRISPR/cas9 技术固然简洁高效，但它并不是一项完美无缺的技术（当然，又有哪种技术敢说自己是完美无缺的呢）。一个广为诟病的潜在麻烦就是它的脱靶效应：当你精心设计一段向导 RNA 序列，试图精确破坏或修改某一个基因的时候，这套系统却有可能会错误切割目标打击范围之外的基因序列。人们认为，这是因为 CRISPR/cas9

系统对错误的容忍度比较高，即便向导 RNA 序列和目标基因组 DNA 序列并不是完美配对，存在一个或几个碱基配对的差错，cas9 蛋白也仍然有可能我行我素地启动 DNA 剪切程序。在浩瀚无垠的人类基因组里，很难说没有一些大体相似的 DNA 序列存在。因此，高容错性的 CRISPR/cas9 系统就会导致难以避免的脱靶效应。

　　还有一些看似很细节的技术问题，同样有可能影响 CRISPR/cas9 技术的实际应用。比如，虽说 CRISPR 序列有着极其高效的 DNA 定位能力（1∶1，远胜锌手指的 1∶30 和 "神话" 蛋白的 1∶102），但 cas9 蛋白本身是一个体型比较庞大的蛋白，由 1 000 多个氨基酸构成。这样就导致 CRISPR/cas9 的整体大小要比锌手指核酸酶系统还要大！前面已经讲过，这会对我们利用病毒载体运输基因编辑系统构成一定程度的挑战。毕竟小小的病毒壳体其实装不下太多遗传物质。还有，尽管利用 CRISPR/cas9 技术人工制造基因缺陷已经是很成熟的技术（锌手指核酸酶和 "神话" 核酸酶在这方面做得也不错），但想要利用这三个系统，高效修复出现缺陷的基因组序列仍是一个不小的挑战。我们说过，如果想要利用基因编辑系统修复错误基因，细胞需要启动自身携带的一套 "针线"，而这套精确修复系统仅在细胞分裂时才会出现。也就是说，对于那些发生在已经停止分裂的细胞中的遗传疾病——特别是神经系统疾病——我们还没有找到很好的修复工具。

　　当然，对于基因治疗和基因编辑领域，特别是对于 CRISPR/cas9 技术而言，我们尽可以抱有最美好的期待。在过去的几年时间里，我们已经见证了这项技术在全世界科学家共同推动下的飞速成长。上面这些技术问题，也许在你们读到这里的时候，都已经被一一化解了。

同时，我也得说，CRISPR/cas9 技术被很多人看作 21 世纪最重要的生物技术突破，甚至是自 1953 年 DNA 双螺旋结构发现以来最重要的生物学突破，不是没有原因的。即便仍然存在这样或那样的技术问题，但这项发明已经具备了走出实验室、走向病床、走向田野、走进千家万户的潜力。

我们要讲的第一个属于未来的故事，甚至可以说和基因治疗一点关系都没有。基因编辑技术给人类社会带来的第一个革命性改变，来自一个你们可能完全意想不到的方向——转基因食品。

相信正在看这本书的你们大概都不会对转基因食品感到陌生。这是一个影响力远远超越了科学范畴，并且仍在被情绪化、政治化、泛伦理化乃至阴谋论化的概念。在一些人看来，转基因农业是人类社会的新希望，靠它可以解决人类社会面对的许多问题——从病虫害防治、杀虫剂滥用到第三世界的营养缺乏。而在另一些人看来，转基因会让人类走向魔鬼出没的世界。它是威胁人类健康的毒药，是跨国公司商业垄断的阴谋，更是破坏生态环境的罪魁祸首。

也正是因为这些错综复杂的争议，各国政府都在小心翼翼地对待转基因食品的监管问题。尽管科学界早已形成的共识是，转基因农业本身并不会比传统农业给人体带来更大的伤害，也没有任何确凿的科学证据证明任何一种转基因食品对人体有害。出于同样的原因，关于转基因农业和转基因食品的讨论、谣言或行动信息见诸报端：上百位诺贝尔奖得主联名支持转基因；绿色和平组织反对（甚至蓄意破坏）转基因；全民公投是否标识转基因食品；小鼠吃了转基因玉米是不是真的会致癌（事后被证明是站不住脚的研究）；大学生精子质量下降是不是因为转基因食品（谣言）；转基因农作物是不是美国孟山都公司的阴谋（谣言），等等。

我们的故事当然不是要来讨论转基因农业和转基因食品。我相信会读这本书的读者也不需要我做多余的转基因科普。我想说的是，围绕转基因的无穷争议，也许会被基因编辑技术，特别是 CRISPR/cas9 技术，以四两拨千斤之力轻松化解！

想要说明这个问题，首先得说说为什么转基因技术会引起如此大的争议。

其实，再狂热的转基因反对者，也并不是——其实也不可能——反对所有的转基因技术。今天的人类社会实际上已经离不开转基因技术了：糖尿病人使用的胰岛素大多是经由转基因技术改造的细菌生产的；我们注射的乙肝疫苗大多时候是用转基因酵母生产的；就连我们日常喝的酸奶和啤酒也有转基因技术的贡献。反对者们主要的担忧是转基因食品的安全性。他们担心由于农产品和食物中携带了原本不存在的外源基因和外源蛋白质，人吃下去之后可能会导致意想不到的安全问题，包括中毒和过敏反应。

这方面的著名例子是所谓的 Bt "毒"蛋白。在不少转基因玉米品系中，都转入了来自苏云金芽孢杆菌的基因。这些基因能够产生对鳞翅目昆虫（比如臭名昭著的玉米螟和玉米根虫）有毒性的蛋白质，因此，转基因玉米就自带了生物杀虫剂的功能。而反对者担心的是，这些"毒"蛋白也许同样会对人体有害。即便是那些看起来没那么"毒"的转基因食物，比如转基因三文鱼（见图 5-1）身上携带的促进生长和抗冻的基因，也会有反对者担忧引入他者的基因会干扰三文鱼自身的蛋白质合成，从而产生意想不到的未知毒素，等等。

看到这里你是不是想到了什么？用基因编辑技术去"修改"农作物的基因，似乎完全可以绕过转基因食品的安全担忧（姑且不论这种担忧有没有道理）！你看，如果仅仅是破坏农作物中原有的基因，这一操作可没有在作物中引入任何"新"基因，那关于毒蛋白、关于转基因食品安全性的担心是不是就不存在了？

这样的思路已经不仅仅是理论上的可能性了。在过去五年间，已经有几种利用基因编辑技术开发的农作物进入了大田试验，乃至已经进入市场。土豆在冷藏过程中，淀粉会缓慢分解成蔗糖、葡萄糖和果糖，

图 5-1　转基因三文鱼

转基因三文鱼（上）的体型是野生三文鱼（下）的两倍大，生长时间却仅需后者的一半。为了生产出这种速生三文鱼，AquaBounty 公司在大西洋三文鱼中转入了来自奇努克三文鱼的生长激素基因。

之后如果要油炸土豆的话，糖类在高温下会变成丙烯酰胺——一种致癌物质。而 Calyxt 公司利用"神话"核酸酶进行定点手术操作，破坏了土豆基因组的一个基因。这样一来，土豆的淀粉就不会分解，也就可以减少致癌物质丙烯酰胺的产生了。中国科学院的科学家同样利用"神话"核酸酶技术破坏了小麦基因组里与白粉病相关的 3 个致病基因，使小麦免受白粉病的困扰。这里当然也包括各种利用 CRISPR/cas9 技术改造的农作物，比如说美国宾夕法尼亚大学的科学家破坏了蘑菇基因组里的褐变基因，这样超市货架上的蘑菇就不会轻易变黑变质了（见图 5-2）；中国和韩国的科学家破坏了肉猪基因组里抑制肌肉生长的基因，生产出了瘦肉型的肉猪。

图 5-2　基因编辑蘑菇

美国宾夕法尼亚大学的科学家利用 CRISPR/cas9 技术删除了蘑菇中的一个多酚氧化酶（Polyphenol oxidase, PPO），这样的蘑菇在超市货架上不容易变黑。2016 年，美国农业部宣布不会将这种蘑菇纳入转基因作物的监管范围，因为它体内并未"转"入任何外源性基因。

在所有这些基因编辑产品中，都没有引入任何来自其他物种的新基因。也正因为这一点，美国农业部已经屡次宣布，基于基因编辑技术生产的农作物和食品，不适用针对转基因农产品的严格监管。它们完全可以被当作普通的农产品处理。基于以上原因，基因编辑技术的出现，很可能会彻底终结围绕转基因农业的争吵和混乱。

在讲基因治疗和基因编辑的过程中插入这个故事，是为了提醒大家，新一代的基因编辑技术注定将要反复刷新我们的认知，改变我们的生活。对科学研究如此，对农业生产亦是如此。对人类自身而言，它的影响也注定会深刻而久远。

系紧安全带，我们现在就出发去看看未来！

基因编辑进化论

基因编辑在农业领域小试牛刀就已经在创造不可能了。那么，在基因编辑的大本营里，它会对人体基因治疗产生什么样的影响呢？

基因编辑技术的老大哥们已经先行一步开始人体试验了。2016 年年底，世界上第一例 CRISPR/cas9 人体试验在中国四川大学华西医院启动，他们的攻克目标是肺癌（见图 5-3）。

这条新闻背后的生物学背景非常有意思。在进行比较之前，我们先来回忆一下传统基因治疗的发展路径。

图 5-3　卢铀教授

中国四川大学华西医院的卢铀教授主持了采用 CRISPR/cas9 技术的第一例人体试验。

大家可能还记得，1990 年第一例基因治疗手术针对的疾病是重症联合免疫缺陷病，在 2014 年，圣加蒙公司报告了利用锌手指核酸酶技术治疗艾滋病的人体试验。传统基因治疗、锌手指核酸酶以及 CRISPR/cas9，是三种差别显著的技术。重症联合免疫缺陷病、艾滋病和肺癌，看起来也是风马牛不相及的三种疾病。但是如果仔细分析的话，这背后的路线选择其实是很有关系的。重症联合免疫缺陷病，是基因缺陷导致的淋巴细胞死亡和免疫系统缺陷；艾滋病，是 HIV 入侵人体免疫系统导致的淋巴细胞死亡和免疫系统缺陷；而肺癌看起来与淋巴细胞的关系并不大，但是中国四川大学华西医院的医生们的治疗思路仍然是和淋巴细胞有关的：他们计划通过改造患者的淋巴细胞，让它们重新获得捕捉、消灭肿瘤细胞的能力，以达到治疗肺癌的目的。

为什么三种新技术的第一次临床应用都不约而同地选择了对人体的免疫细胞挥舞手术刀？因为从技术层面来看，对淋巴细胞进行操作门槛比较低——至少要比像大脑、肝脏和皮肤这样的组织低。为什么这么说呢？淋巴细胞是我们身体里一类比较"活"的细胞，它们是由骨髓里的造血干细胞分化而来的，却可以在全身血液和组织内游走，进出全身各处的淋巴结。这本身并没什么令人吃惊的地方，淋巴细胞作为身体抵御外来病原体入侵的主力军，当然需要在身体各处"巡逻"，随时查获混入身体内的外来者。但对于基因治疗来说，淋巴细胞的这种流动性提供了巨大的方便之处。想要对淋巴细胞进行基因修饰和基因编辑，只需要从患者的外周血里提取淋巴细胞，修改好后再把细胞重新输回给患者就可以了。

1990 年，为了治疗重症联合免疫缺陷病，安德森医生正是这样提取了德希尔瓦血液里的淋巴细胞，利用病毒将腺苷脱氨酶基因导入，再将恢复功能的淋巴细胞重新输入德希尔瓦体内。到了 2014 年，圣加蒙公司为了治疗艾滋病，也是依样画葫芦：将艾滋病患者体内的淋巴细胞取出，利用锌手指核酸酶破坏掉其中的 CCR5 基因，然后再输入患者体内。到了 2015 年，中国四川大学华西医院的医生们计划首先将肺癌患者体内的淋巴细胞取出，然后利用 CRISPR/cas9 技术破坏细胞内的一个基因，让这些淋巴细胞恢复战斗力，再将它们输回患者体内，让这些重新拥有抗癌活力的细胞去杀死癌细胞。他们同样利用了淋巴细胞容易获取、容易识别的特性。

正是因为淋巴细胞容易获得和识别，医生们才不约而同地将首次临床试验的目标对准了它们。如果是大脑，里面各种长着长长触角的神经元相互缠绕纠结；或者是我们的皮肤，由细胞形成致密而规则的层次，医生们想要获取这些细胞就会变得非常困难，而想要把处理后的细胞再原封不动地放回原位，那更是不可能完成的任务。

因此，在我看来，对基因做手术在人体上最容易实现，也最有可能在近期正式走入临床应用的，就是针对淋巴细胞的操作——不论是直接与淋巴细胞相关的疾病，还是通过改造淋巴细胞治疗其他疾病。

我们可以把这个阶段简单总结为"来自人体—体外处理—体内治疗"（见图5-4）。基因手术刀的对象是人体原本就有的细胞，但所有的基因编辑操作都发生在身体以外，发生在我们人为收集的人体细胞中（特别是淋巴细胞）。除了上面分析的原因以外，这样做的一个额外的好处自然是安全性：我们甚至都不需要把基因手术刀直接投放到人体内，这样就可以避免外源DNA、外源病毒给人体其他细胞和组织带来难以预料的危害。

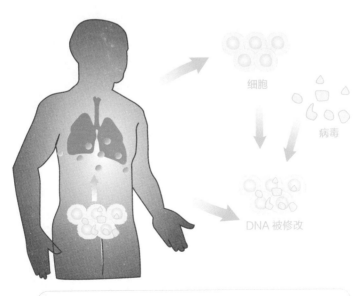

细胞

病毒

DNA 被修改

图 5-4 "来自人体—体外处理—体内治疗"的技术思路

但我们也马上可以想到，"来自人体—体外处理—体内治疗"绝不会是基因手术进化的终点。毕竟除了淋巴细胞，还有许许多多种细胞可能出现遗传缺陷，需要加以保护，也可能需要识别和消灭。

自然而然，未来我们可以期待一下基因编辑的第二阶段——"来自人体—体内处理—体内治疗"（见图5-5）。这个策略当然也不是凭空想象。回忆一下传统基因治疗时期基辛格的悲剧吧，当时他所接受的临床试验，正是直接将病毒注射到人体内，希望病毒能在人体内定位特定细胞并修复其中的基因缺陷。基辛格所患的鸟氨酸氨甲酰基转移酶缺乏症，影响的是肝脏细胞处理代谢废物的能力。不像淋巴细胞，医生没有办法把肝脏取出处理后再放回体内，因此只能把用于基因治疗的病毒直接输入患者体内。

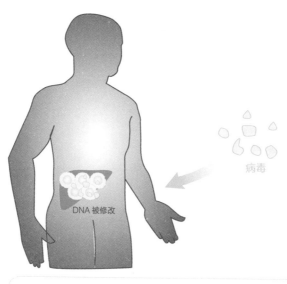

病毒

DNA 被修改

图5-5 "来自人体—体内处理—体内治疗"的技术思路

HUMAN GENE EDITING

上帝的手术刀
基因编辑简史

　　"体内处理—体内治疗"的好处是毋庸置疑的，对于人体绝大多数器官和组织来说也是唯一的办法。但是从体外处理到体内处理这一步的难度非常之大。基辛格的悲剧已经说明，病毒进入人体可能会引起致命的免疫反应，而究竟什么人会有反应，反应究竟该怎么控制，直到今天还是近乎无解的难题。当然，在基辛格的悲剧之后，科学家也在尝试各种不同的病毒载体，探索对病毒载体进行优化和修改，降低人体的免疫反应。但是究其本质，病毒颗粒毕竟是不属于人体的外来物质，很难完全逃脱人体免疫系统的识别和攻击。

　　另外一个比较麻烦的问题是效率。"体外处理"的好处是很容易保证基因手术的成功率。从血液里提取的淋巴细胞本身就是各自独立的游离细胞，不管是用病毒来运输 DNA，还是干脆用更"暴力"的电击等方法运输 DNA，都比较容易成功。人体内的正常器官和组织在绝大多数情况下都不是这种形态的，细胞之间有着或松或紧的连接和复杂的三维结构。这两者的区别，就像是一捧松软的沙粒对比一块坚硬的砖头，水可以很容易渗入前者，却很难进入后者。因此，在"体内处理"的实践中，怎么让病毒颗粒真的"渗入"相关器官和组织的最深处，保证能把 DNA 手术刀运进全部或者至少是相当一部分细胞内，其实是非常困难的。如果"体外处理"的话，科学家和医生完全可以在把细胞输回人体前先检验一下基因手术的效果如何——简单取一点细胞做些常规检测就能解决——这样可以不断优化和提高基因手术的效率。然而在"体内处理"的时候就没办法这么做了，总不能拿活人反复做试验吧！

　　但希望也是实实在在的。我们的故事里提到过，在 2012 年通过临床试验检验，获得正式上市资格的第一个基因治疗药物 Glybera，其实恰恰属于"体内处理"类型。这种基因治疗药物利用病毒载体将人类脂蛋白脂肪酶基因 LPL 重新放回人体的肌肉细胞，让人体肌肉细胞生产脂蛋白脂肪酶，从而能够治疗一种发病率仅有百万分之一的单基因遗传病——脂蛋白脂肪酶缺乏症。而风头正劲的爱迪塔斯医药公司，也已经计划于 2017 年将 CRISPR/cas9 技术用于"体内处理"类型的基因治疗。他们瞄准的目标是一种名为先天性利伯氏黑蒙症（Leber congenital amaurosis，LCA）的罕见遗传病，这种发病率仅有十万分之一的单基因遗传病会严重影响患者的视网膜感光细胞发育。爱迪塔斯医药公司的计划是将病毒注射到患者的眼球内，对患者的视网膜细胞展开"体内处理"。

肌肉和眼球仅仅是一个开始。必须承认，这两个组织在人体中仍然可以算是相对简单的。肌肉组织里主要是聚集成束、不断伸展收缩的肌肉细胞，而视网膜虽然复杂一些，却暴露在身体主要结构之外，比较容易操作。实际上，眼科医生早在几十年前就已经习惯往眼球里注射药物治疗疾病了。试想一下那些更复杂的人体部位吧：由上百亿个神经细胞和数量 10 倍于此的胶质细胞盘根错节形成的人脑；由上皮细胞铜墙铁壁一般紧密相连形成的消化道上皮；由盘曲环绕的毛细血管形成的过滤尿液的肾小球，这样的球状结构在每个肾脏里都有上百万个；还有肝脏、心脏、血管、淋巴结、生殖器……未来还有许多难题等着我们去攻克呢！

接下来呢？"来自人体—体外处理—体内治疗""来自人体—体内处理—体内治疗"，基因编辑的前两个阶段性目标完成之后，至少还有一个诱人的可能性等着我们去探索。

你们可能已经看出来了，"来自人体"这一步骤对于基因手术来说，意味着完全个性化的治疗方案。医生必须从每一名患者体内获取细胞，体外培养，加以基因修饰，再输回同一个患者体内。这里面每一个步骤都必须根据这名患者的情况量身定做，不同患者之间不可能共享医疗资源：来自 A 患者的淋巴细胞显然不能给 B 患者用，这样毫无疑问会引起致命的免疫反应。不同患者之间也不可能照搬一模一样的临床程序：不同体重、年龄、种族、性别的患者，不同的发病部位和疾病类型，可能需要对临床程序做完全个性化的调整。也正是基于这两个原因，基因治疗的经济压力非常沉重。世界上第一个正式上市的基因治疗产品 Glybera 的使用价格超过了 100 万欧元，让它无可争议地跻身历史上最昂贵的医药产品之列。

那么，用于基因治疗的细胞一定要"来自人体"吗？或者一定要来自患者自身吗？有没有什么办法能够消除基因治疗的个性化标签，让经过基因编辑的同样一批细胞能够用在不同患者身上？

这个听起来有点疯狂的想法已经在慢慢变成现实了。说穿了倒是也不神秘，基因治疗"去个性化"（见图 5-6）的核心，就是避免患者的身体识别并排斥非自身的细胞（异体排斥）。我们已经知道异体排斥现象的"幕后黑手"是什么了。简单来说，我们身体里的淋巴细胞能够通过细胞表面的"探测器"，专门探测人体细胞表面的"识别标志"。特别有意思的是，这种"探测器"在生产的时候已经经过反复筛选，所有能识别自身标志的"探测器"都已经被销毁，因此，剩下的"探测器"一旦被激活，我们的身体就会认为外来细胞开始入侵了。

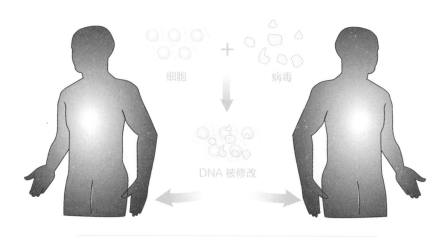

细胞 + 病毒

DNA 被修改

图 5-6 "去个性化"的技术思路

因此，一个思路就是，如果用基因手术改造人体细胞，彻底破坏它们身上的识别标志，这些细胞不管进入谁的体内都不会被免疫系统的"探测器"检测到，这样一来，不就可以成功躲过异体排斥的问题了吗？

这个听起来相当激进的治疗思路也在2015年开始进入临床试验。法国巴黎的 Cellectis 公司在当年年底宣布，他们和伦敦的医生合作，开始利用"神话"核酸酶技术治疗小女孩蕾拉（见图 5-7）所患的急性淋巴细胞白血病。

他们的治疗思路与中国四川华西医院的医生相类似。法国和英国的医生也希望能在体外修改人体淋巴细胞，重新唤醒它们定位打击癌细胞的能力，再将这些细胞输入蕾拉体内。但是他们比中国的医生更激进的是，法国和英国的医生这一次使用的不是蕾拉自己的淋巴细胞——蕾拉的白血病使得她自己的淋巴细胞已经不堪大用——而是来自一名骨髓捐献者的淋巴细胞！因此，医生们还需要额外的基因编辑步骤，去除这些细胞表面的识别标志。

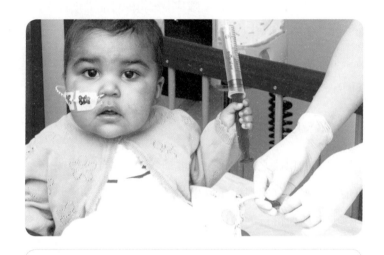

图 5-7　蕾拉

1 岁的小女孩蕾拉正在接受基于"神话"核酸酶技术的基因治疗。

可以想象，基因治疗这把上帝的手术刀，如果真的想要普惠众生，摆脱对"来自人体"的依赖，"去个性化"是非常关键的一步。只有这样，医药企业才有可能开发和大批量生产出能用在不同患者身上的普适药物，而不需要针对每个患者都设计一套烦琐和独一无二的治疗方案。也只有这样，基因治疗的价格才有可能下降到普通大众能够承受的范围。

到此为止，我们是不是已经把基因编辑的全部潜力讲完了呢？当然没有，实际上，基因编辑的光荣和梦想才刚刚开了个头呢。

未来的未来

上面的故事里，我们大概聊了聊基因编辑的可能进化轨迹。从"体外处理"到"体内处理"，我们将有能力编辑和修复那些位于身体最深处的器官和组织；从"来自人体"到"去个性化"，我们将有机会实现基因编辑的大规模临床推广，普惠众生。

我们的展望不应该停下脚步。

基因编辑的用武之地，仅仅是被动的"体内治疗"吗？我们有没有可能主动出击，实现疾病发生前的"体内预防"呢？还是以艾滋病为例，在前面讲过的"柏林病人"的故事里，医生为艾滋病人移植带有CCR5基因突变的骨髓，彻底根治了蒂莫西·雷·布朗的艾滋病。这是因为HIV入侵人体免疫细胞依赖于免疫细胞表面的CCR5蛋白，如果找不到这个路标，HIV就没有办法结合在免疫细胞上，更谈不上入侵和杀死免疫细胞。圣加蒙公司其实也是试图利用锌手指核酸酶技术重现"柏林病人"的奇迹。他们计划利用基因编辑技术破坏掉艾滋病患者体内的CCR5基因，从而避免这些细胞被HIV入侵。

沿着这个思路，我们自然可以想到，如果把健康人免疫细胞内的CCR5基因提前破坏掉，不就可以永久性阻止HIV病毒的侵犯了吗？从某种程度上说，这岂不是最好的HIV疫苗？不光可以完全避免艾滋病，而且安全性也是毋庸置疑的——毕竟有1%的白种人天生就带有破损的CCR5基因却仍然健康无恙。当然了，这个想法目前还是无法实现的。基因治疗的成本太昂贵了，同时还伴随着各种难以预计的并发症风险。一个健康人不太可能具有这份拼死吃河豚的冒险精神。

但是未来呢？未来的未来呢？如果有一天基因编辑脱胎换骨，不管是安全性还是经济性都可以满足要求，到那时是不是就会有很多健康人希望修改自己的CCR5基因，给自己"接种"抵抗这种世纪顽疾的免疫力呢？

甚至我们还可以想得更疯狂一点。我们讲过，CRISPR/cas9技术本身就是帮助细菌抵抗病毒入侵的防火墙。CRISPR序列携带着危险病毒的快照，而cas9蛋白会实时对比细胞内的DNA序列和病毒快照的相似性，一旦发现病毒入侵就立刻启动剪切程序予以破坏。那要是给人体移植上这么一套防火墙又将如何？理论上，这套系统应该非常好用，每当有一种新的威胁人类健康的病毒出现——不管它是HIV、埃博拉病毒、H5N1禽流感还是其他——我们只需要截取一小段病毒DNA序列，把它安放进人体细胞内人为设置的CRISPR系统里去就万事大吉了！

这里仅仅说的是对感染性疾病的预防，基因编辑能做的事情还多着呢！如果我们发现自己携带了容易得癌症的基因突变，比如导致安吉丽娜·朱莉（见图5-8）做了乳腺和卵巢切除手术的BRCA1/BRCA2基因突变，容易得糖尿病的基因突变、容易近视的基因突变……我们趁着还没得病把这些基因一改了之，岂不是可以一劳永逸、高枕无忧？

　　相信你们看到这里，会开始隐隐约约觉得不安了。没错，把基因编辑从"治疗"范畴推广到"预防"领域，看起来有着毋庸置疑的合理性，但操作起来却大大延伸了这项技术的适用范围。一个显而易见的问题就是：基因治疗和基因编辑技术应用的边界在哪里呢？我们什么时候应该提醒自己，不要轻易挥动上帝的手术刀呢？

　　这是个很难回答的问题。至少对于某些高危人群（例如吸毒者、性工作者）来说，提前修改 CCR5 基因保护自己免受艾滋病的威胁难道不是人之常情吗？既然如此，一个普通人也希望保护自己不得艾滋病难道有错？同样，如果有一种新病毒即将肆虐全球，大众要求给自己动个安全有效的基因手术，提前获得免疫力听起来合情合理吧？那么仅仅因为自己的一个基因突变有 1% 患上糖尿病的风险，就要求修复风险基因合理不合理呢？如果合理的话，那有万分之一的风险能不能做基因手术呢？百万分之一呢？反过来，如果你认为这些情况下不应该随便动手术刀的话，那多大的患病风险你才会觉得应该允许做基因手术呢？

更要命的是，一旦"治疗"和"预防"之间的栅栏被打开，"预防"到"改善"的窗户纸更是一捅就破！比如说，高血脂已经成为现代社会的流行病，高血脂引发的动脉粥样硬化和心脑血管疾病已经成为现代人的第一大死因。与此同时，人类遗传学研究也发现，携带某些基因突变的人的血脂水平非常低，患有心脑血管疾病的比例也很低（例如著名的 PCSK9 基因突变）。那么一个普通人能不能要求提前编辑自己的 PCSK9 基因，防止自己在数十年后因为脑中风或者心肌梗死而死？这应该算是一种对疾病的预防，还是应该算对自己健康状况的改善呢？

如果修改 PCSK9 基因能够得到允许，也就意味着一个人可以通过基因手术获得更健康的身体。那要是他 / 她想利用同样的技术获得更多的肌肉呢（想想我们讲到过的中韩科学家开发瘦肉猪的例子），或想要获得更高的个子呢（这个更简单，只需要编辑下与生长激素相关的基因就行了）？如果他 / 她想要金发、双眼皮、高鼻梁怎么办呢？更甚者，如果他 / 她想要的是智商、语言能力、分析能力，或是领导气质呢？

如果刚才你还没觉得担忧，现在应该嗅到了巨大的危险了吧。尽管今天我们对人类基因的理解仍然非常粗浅，对于基因能否决定智商、气质等一些性状，又是如何决定的问题，我们目前还是两眼一抹黑。但我相信我们总有一天能把这些事情通通搞清楚。到那时，基因编辑的推广是否将会把人类带向万劫不复的深渊呢？

要知道，人类社会始终存在着不平等，这种不平等可能是家庭背景上的、经济收入上的，也可能是政治地位上的、教育程度上的，等等。我们自然也没有天真到认为这些不平等会一夜之间消失，人类从此进入大同世界。甚至我们可以清楚地看到，这些不平等很多时候是可以在代际之间传递的：比如很多社会学研究都证明，家庭收入较高、父母教育水平较高的家庭，往往有更多时间陪伴孩子，有精力投入子女教育，因此，他们的后代的社会经济地位从统计意义上还是会较高。但是这一切至少是有可塑性的，家境贫寒的孩子努力读书工作也仍然可以出人头地，优越的家庭环境也有"富不过三代"的永恒困扰。但是如果有了基因编辑这把上帝手术刀的强力介入，一切就有可能不一样了！有钱人的孩子如果早早接受了基因手术的"改善"，他们就可能从外貌到智力在各个方面都占据竞争优势。而且要命的是，这些优势还是写进基因组里，是可以遗传的，而穷人家的孩子可能就永无翻身之日了！难道基因编辑这项从诞生之日起就伴随着鲜花和掌声的新技术，勾画出的是一条通向黑暗地狱的道路？

还有一种更要命的可能性。

不管是治疗、预防还是改善，我们讨论的对象都是已经出生的人类个体。而人类的许多性状是在发育阶段形成的，一旦发育完成就很难再改变。一个简单的例子就是身高。在幼年时期，生长激素的分泌能够影响我们的身高，但是到青春期之后，随着骨缝闭合，再有更多的生长激素也不会再长高了，反而会患上肢端肥大症。而且我们很容易想到，在发育早期进行基因编辑难度要小很多。因为在此阶段细胞仍在进行持续地分裂增生，修改一个细胞就意味着它成千上万的后代细胞也都自动获得了新的遗传性状。因此，一旦基因编辑的技术问题得到解决，技术应用瓜熟蒂落，人类利用基因编辑技术进行治疗、预防和改善的年龄就会越来越早：从成年人到孩子、从孩子到婴儿、从婴儿到胎儿、从胎儿到受精卵、从受精卵到精子和卵子。

没错，基因编辑未来推演的尽头，是直接对人类生殖细胞进行编辑。毕竟，这时进行基因修改和编辑的效率是最高的，只需要修改一个细胞，长大成人后身体内上百万亿个细胞就都会携带新的遗传性状。但这是不是人类作为一个地球生物物种，自我异化和自我毁灭的开始？

说异化，是因为一旦走上这条道路，人类就将开始摆脱自然历史留给我们的印迹，开始进行对自身的自我创造。很有可能，我们将开始按照父母一代的价值观塑造自己的后代。比如说，以今天的大众审美来看，高个子、白皮肤、双眼皮、高智商、有专注力、语言能力强等是许多人认为的优点。那么在基因编辑真正成熟的时候，我们会不会批量制造出这样的孩子？弹钢琴需要宽一点的手掌，需要很好的辨音能力，需要持久的肌肉记忆，我们会不会也批量制造出这样的孩子来？这样诞生的孩子，到底是满足社会要求和家庭期待的工具，还是独立的智慧生命呢？

说毁灭，是因为我们从生物进化历程中学到的教训是，地球环境变化万千，适者生存没有一定之规，只有保持变化才是生命长青之道。因此丰富的基因库是一个物种生存繁衍的基石。就拿我们讲过的镰刀形红细胞贫血症为例，会导致严重疾病的 HBS 基因突变在疟疾肆虐的地区却能够有效保护人类！在漫长的进化史上，这样的例子不胜枚举。在某个环境下看似有害的基因突变，在不同的环境中也许就会变身优势基因。在某个历史时期无用甚至有害的遗传性状，当地球环境沧海桑田后也许就是维系后代生存的命脉。而基因编辑的广泛应用，可能会毫不留情地去除那些对于当下生活环境有害的基因突变，这毫无疑问将消灭人类基因库的多样性。一旦地球环境发生巨变，我们可能早已失去了身体内暗藏的生存法宝！

当然，值得庆幸的是，我们掌握的基因编辑技术还非常粗糙和幼稚，在它们进一步完善和推广之前，我们应该还有充足的时间去准备——不管是在技术上、心理上，还是法规上。也许我们这代人看不到基因编辑技术真正瓜熟蒂落的那一天了，但我衷心希望当那一天到来时，我们的子孙后代已经知道怎样更合理地利用这把利器，让它带给我们健康和幸福，而不是带我们走进一个魔鬼出没的世界。

未雨绸缪：伦理还是监管

基因治疗和基因编辑，在我们的故事里主要以一种医疗手段的面目出现。但是相信看到现在，你们应该也会同意，对基因做手术，绝不仅仅是一种普通的医疗手段而已。说到底，基因编辑这把上帝的手术刀，所针对的对象是人类的遗传物质——决定人之所以为人的物质。可想而知，对这种技术手段的推进，最终一定会从科学走向伦理学，触及人的定义、人类个体的独立性等终极问题。而回望过去 20 年，伦理语境下的争论和批评似乎一直伴随着现代生物医学研究的发展。

1996 年，在爱丁堡罗斯林研究所降生的克隆羊"多利"引发了围绕克隆技术特别是克隆人的巨大争议，并促使各国政府迅速通过了禁止克隆人的法律条文。2001 年，在宗教保守团体的游说下，美国总统乔治·布什签署总统行政命令，禁止将美国联邦经费用于发展新的人类胚胎干细胞。2013 年，哈佛大学因两只灵长类动物非正常死亡，彻底关闭了校内的灵长类动物研究中心，而欧美许多研究机构中对灵长类的研究也受到了越来越多的限制。

2015 年春，伦理争议的焦点再次光顾了生物医学领域，而这次处于旋涡中心的正是基因编辑技术。在当年 3 月初，麻省理工学院《技术评论》的记者造访应用该技术的先驱之一、哈佛大学教授乔治·丘奇的实验室，结果意外发现该实验室已经开始尝试在人类卵细胞中利用 CRISPR/cas9 技术编辑人类基因组。当时，乔治·丘奇实验室正在尝试修复会导致女性乳腺癌和卵巢癌的 BRCA1 基因突变，以期从根本上预防相关基因缺陷导致的癌症。仅仅一周之内，科学界久负盛名的《自然》和《科学》杂志纷纷发文，警告编辑人类生殖细胞基因组存在未知的安全和伦理风险，呼吁立刻停止同类型的技术尝试。

一波未平一波又起，仅仅 1 个月后，来自中国中山大学的黄军就实验室的一篇学术论文更是将争议推到了前所未有的高度。他们在受精后的人类胚胎中进行了基于 CRISPR/cas9 技术的基因编辑。尽管黄军就声称实验所用的是本身存在缺陷、无法发育成成熟胚胎的受精卵，但在很多批评者看来，类似操作已经与人工修改和创造人类无异。相比而言，乔治·丘奇实验室的基因编辑对象是没有受精的卵细胞，而黄实验室所修改的已经是携带了人类个体全套遗传信息的受精卵。如果把基因编辑过的受精卵植入女性子宫，完全可能孕育出一个完整的生命。到了 2016 年，类似的实验也开始在英国的实验室里开展。尽管从技术层面上来说，所有这些研究都是探索性的，没有任何一个科学家真的希望现在就制造一个接受过基因编辑的"新新人类"，但他们的研究不言而喻地昭告了天下，基因编辑技术将有可能带来什么样的未来。

就在人类社会还没有在心理上和制度上准备好拥抱基因编辑技术的时候，几位大胆的科学家就已经用最直接的方式宣告：未来的未来已经快要到来。

来自科学界的担忧不是没有道理的：基于 CRISPR/cas9 技术的基因编辑在技术上还远未成熟，此时轻率启动人类胚胎和生殖细胞的基因编辑，很有可能会出现意想不到的灾难性后果。来自宗教界、法律界和普通大众的批评也顺理成章：轻启对人类自身的遗传改造，将会从根本上动摇人类社会的价值观。到底什么才是人？如果混合了来自其他生物的基因，人还是人吗？修改人类基因是否会造成永久性的阶级分化和不平等？父母和医生替孩子决定他们的基因，这样做是不是不道德？

借此机会，我想来聊聊科学和伦理的永恒冲突。由于生物医学研究的首要对象是人类本身，与同样关注人类本身价值和尊严的伦理观念存在"擦枪走火"甚至是正面冲突，几乎是难以避免的。

类似的例子不胜枚举。我们知道，对人体解剖构造和生理功能的深入理解极大依赖于人体解剖。而尸体解剖在东西方文化中长久以来都是被鄙视和被严惩的行为。其中有相信灵魂不灭、尸体是灵魂的居所这样的宗教性理由，也有尊重死者和先人这样的纯粹伦理学原因。中国的《唐律》里明文规定，仅仅割去尸体的头发就要"减斗杀罪二等"。而在 16 世纪的欧洲，当安德烈亚斯·维萨里（Andreas Vesalius，见图 5-9）在利用尸体解剖完成他的巨著《人体构造》的时候，他需要在黑夜中偷偷切下运回并拼接死刑犯的尸骨，而这一行为也被宗教裁判所课以极刑。然而，恰恰是这些"盗墓贼""尸盗"等冒天下之大不韪的叛逆举动，最终帮助我们逐步理解了自身的身体构造和功能。

图 5-9
安德烈亚斯·维萨里
16 世纪著名医生，人体
解剖学创始人。

到了今天，相信不会再有任何具备基本理性思维的人还会仇视尸体解剖，或否定尸体解剖在医学研究和临床教育中的关键作用。与之类似，许多我们现在耳熟能详、习以为常的事物，在诞生之初也经受过来自伦理层面的非议，从扼杀生命的避孕套到制造生命的试管婴儿，从洗澡导致鼠疫到只有下等人才吃牛肉，从割断龙脉的火车到摄取灵魂的相机……水滴石穿、绳锯木断，在历史中我们看到的是人类社会的进步，缓慢而毫不犹豫地挑战、摧毁或重塑固有的伦理判断。而科学进步在其中发挥了重要作用。那么，今天的我们是不是应该乐观地相信，今天围绕基因编辑的伦理冲突，未来的某一天也会进入人类的日常生活，甚至变成人类主流价值观的一部分呢？

不得不说，伦理观总是滞后于科学发现，甚至也滞后于社会变化本身。原因其实并不奇怪，所谓伦理，很大程度上代表的是对事物"对""错"的判断，这种判断必然源自于某时、某地、某个群体中主流的生活方式和价值观。而主流人群的生活方式和价值观的变化总是缓慢的，滞后于科学发现的。

比如说，在中世纪欧洲鼠疫肆虐的阴影下，惊慌失措的欧洲市民将鼠疫传播归咎于洗澡以及疾病从皮肤渗入，从而逐渐形成了洗澡的禁忌，其背后的心理和社会基础大可以理解。而这一社会伦理观念的变化，则需要等到欧洲人对鼠疫发病机理逐渐有所了解之后。如果试图用一把"放之四海而皆准"的伦理尺子去衡量，在太阳王路易十四一辈子只洗 7 次澡的时代，宣称洗澡无害有益，甚至公开鼓动洗澡大概就是触犯"伦理红线"、值得天下共讨之的叛逆举动吧？

也就是说，如果科学进步和人类价值观出现冲突的时候，请别忙着扣帽子或者打棍子，我们可以给科学进步一点耐心和宽容。如果科学进步被证明有益无害，它最终一定会成为人类价值观的一部分。

那是不是说科学最大，科学面前我们完全不需要顾忌伦理呢？也不是。虽然说科学进步在历史上确实经常性地挑战和重塑人类价值观，但在某时某地的某个具体场合，伦理不是可以"任人打扮的小姑娘"。有些价值观范畴的"红线"，确实是包括科学研究在内的人类活动所需要遵循的。举例来说，有一条底线我想读者们应该不会反对：科学研究的底线，是不伤害其他人类个体。

但是聚焦到基因编辑和基因治疗的问题上，如何界定"其他人类个体"，又如何定义"不伤害"，并没有那么容易！

先说"其他人类个体"的定义吧。不分国界、性别和种族，你们应该都认同彼此是其他人类个体。然而这个概念只要稍微外延，就马上会碰到伦理和法律规定的灰色地带。

在 1973 年罗诉韦德案的判决中（Roe vs. Wade），美国最高法院认定孕妇流产权受到宪法第十四修正案"人的自由"条款的保护，这等价于认定胎儿并不受到同为第十四修正案中关于"人的生命"的相关条款的保护。按照这一精神，"胎儿"并不等同于"人类个体"。而与此同时，最高法院判决中又将胎儿按照孕期长度分为三类，孕期最后三个月的胎儿即使离开母体也有很大的存活可能，因此最高法院允许美国各州自行决定在此期间是否需要禁止堕胎（见图 5-10）。综上所述，一个人类胎儿是否被当成"人类个体"实际上存在极其复杂的判断标准，不仅取决于他 / 她有多大，还取决于他 / 她的母亲身处哪个年代，又居住在哪个国家哪个州！

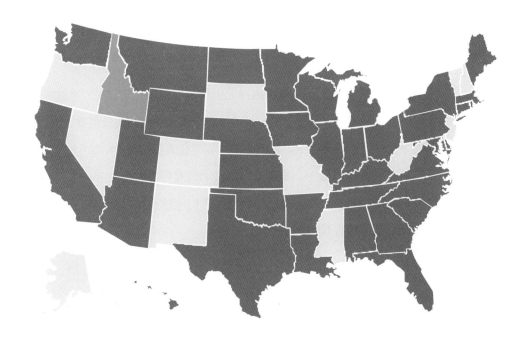

图 5-10　美国各州堕胎法律的区别（2013 年数据）

图中深红色标识的州禁止在孕期最后三个月中堕胎，威胁孕妇生命和健康的情形除外。

而现代生物医学技术的发展又进一步把问题复杂化了。

举例来说，尽管各国对胎儿地位的法律界定存在差别，但一般来说都允许基于医学原因的流产。举例来说，如孕期唐氏综合征产前筛查呈阳性，母亲是可以选择流产的。那么是不是说发现有遗传病风险的胎儿和未发现遗传病的胎儿可以被区分为"人"和"非人"？这种区分的法律和伦理基础是什么？我们还可以继续沿着这条线索发问，未受精的人类生殖细胞（精子和卵子）是不是"人类个体"？体外受精的受精卵算不算"人类个体"？在体外发育到哪个阶段的受精卵算是"人类个体"？如果它们可以被认为是"人类个体"，那么在体外进行包括人工受精和筛选在内的任何操作合乎伦理吗？如果它们不是"人类个体"，那么"人类个体"到底是否存在一个科学意义上具有可操作性的判断标准（例如，发育到哪一天哪一秒，或者几个细胞状态的胚胎具有"人类个体"的地位）？可以想见，把"人类个体"的红线划定在其中任何一个地方都会引发巨大的争议，而且身处不同时代、不同国家、不同文化中的人们对这条"红线"位置的容忍度也会有巨大的差别。非要用某时某地的标准强行套在他时他地的科学研究中，则可能有刻舟求剑的嫌疑。

我们再来说"不伤害"。如果一种行为对其他人类个体带来了单纯的负面影响，当然可以认为是违反了"不伤害"红线。但是人类行为本身是高度复杂的，如果一种行为既有伤害性又有益处该如何界定呢？比如说拔牙。在现实社会的实践中，解决方案相对简单——当事人的知情同意是很关键的衡量因素。但是我们一旦把讨论范畴扩大到生物医学前沿，法律实践就立刻显得毫无用武之地。很显然，不管是体外受精、胎儿唐筛，还是利用 CRISPR/cas9 技术编辑人类生殖细胞或人类胚胎，当事"人"都没有可能表达意见。我们甚至可以虚构出这么一个情景来：根据我们目前对 CRISPR/cas9 技术的掌握，很难100% 避免在针对致病基因进行修改的同时，又出现针对基因组其他无关位点的非特异性修饰（脱靶效应）。换句话说，CRISPR/cas9 技术在做治疗遗传病的"好事"时，确实也存在乱改基因组（做"坏事"）的可能。那么这样的治疗方案有没有违反"不伤害"的"红线"？我们也同样可以反过来发问：如果我们具备了在胚胎阶段修改致病基因的能力而没有这样去做，患病婴儿出生后，是否可以反过来谴责我们的不作为违反了"不伤害"的底线呢？

将"不伤害"的原则再推广一下会更加复杂。我们已经讨论过治疗、预防和改善的区别。对一种疾病进行治疗是做"好事"，这一点相信大多数人都会认同。但是，如果可以预防疾病而不预防（比如我们讨论过的通过修改CCR5基因预防艾滋病的可能性），算不算是在"伤害"懵懂无知的胎儿，特别是如果他／她将要出生在艾滋病高危环境里？更有甚者，如果有一天人类社会真的广泛接受了修改人类胚胎，孩子们变得更聪明、更强壮，也更漂亮了，那么坚信"人类不应该随意修改自身"的父母们会不会是在"伤害"自己的孩子呢？

说到这里，仅仅对"不伤害其他人类个体"这条看似毫无争议的伦理"红线"略作讨论，我们就能立刻看到社会惯常的伦理观在面对新鲜事物，特别是科学发展时的苍白无力。正因为这样，我想，我们应当首先承认伦理观本身的多元化和动态性，以期从中达成科学进步与伦理观念的协调，而不是试图在科学领域中画出一条不许越雷池一步的绝对"红线"来指望约束科学发展。

如果说利用伦理问题约束基因编辑技术很可能徒劳无功，甚至会导致开历史倒车的话，那么我们是否就应该允许和放任类似的技术迅速进入临床实践，为人类定向改造自身遗传信息、修改和创造自身的伟大时代的到来欢呼呢？也不是。与其说伦理，不如说监管。我的看法是，涉及应用于人类自身的技术时，必须在严格的专业监管和法律约束下进行。这是基于以下两条逻辑得出的。

第一条逻辑是上面讨论过的技术风险问题。和人类掌握的大多数技术一样，基因编辑技术，包括 CRISPR/cas9 技术，仍存在大量的未知问题和技术风险。其中最为人所知的是基因编辑的脱靶问题，即在定向编辑某个基因的同时，可能会在基因组其他无关位点引入非特异性遗传修饰。与药物的"副作用"概念类似，基因编辑技术的脱靶问题带来了潜在的临床风险。因此，就像所有用于人类临床实践的药物、医疗器械和手术操作一样，人类胚胎的基因修饰也必须接受严格的专业监管，在确保安全性和有效性可控的基础上才能允许进入大规模临床实践。

而考虑到人类胚胎操作的特殊性，监管还必须深入人类生殖细胞的获取、培养、体外受精和子宫植入等各个环节，确保不存在非法获取生物材料和随意启动人类胚胎发育过程的可能。对于任何一项相关研究，我们都必须追问，科学家是不是通过合法途径获取了人类胚胎？将这些人类胚胎用于研究是否经过了提供者的知情同意？科学家如何确保这些人类胚胎在试验结束后被彻底销毁，而不是又被放回了母亲的子宫？对人类胚胎的遗传操作在学校和政府监管层面是否取得了相关许可，是否遵循了对人类胚胎的操作指南和伦理要求？

只有所有相关的研究程序都得到严格的专业监管，我们才能做到尽可能地规避技术风险，确保该技术不会在尚未成熟阶段就进入临床实践。但是，仅仅进行伦理层面的追问并不能帮助我们更好地完善技术和管控技术风险。

第二个逻辑则是不少人曾指出的社会风险。尽管基因编辑技术仍存在巨大的技术障碍，奢谈其大规模的临床应用为时尚早，但人类胚胎基因编辑技术的确存在被滥用的可能。最严重的潜在社会风险包括，基因编辑可能造就永久性的阶级分化，基因编辑可能被希特勒式的野心家用于大范围地定向改造人类。

技术应用为时尚早，但我们绝不应该忽略这一潜在风险。

然而，存在风险并不是禁止基因编辑技术的理由。事实上，单纯禁止科学家合法研究某一项技术，往往会把相关技术研究推向暗处，造成更加难以监管的局面。在如何对待基因编辑技术的问题上，人类对原子能的和平利用应该说是一个不完美但可资借鉴的样板。限制关键技术细节的扩散，追踪和控制关键实验设备和原料的流向，加强相关技术人员的训练，规范相关研究和应用机构的工作准则，应该能够帮助我们在很大程度上降低技术进步带来的社会风险。

青山遮不住，毕竟东流去。这句诗也许能代表科学进步在人类社会发展中的地位和意义。

也许自科学诞生的那一天起，人们对科学被误用和滥用的畏惧就如影随形。这种担心并不全然是无本之木：一方面，科学进步确实在马不停蹄地改变人类的生活方式、思维习惯、社会结构乃至人类本身，对科学这种无坚不摧的力量的恐惧是自然而然的；另一方面，已有太多的历史教训告诫我们，尖端科学与技术成就一旦落入"坏人"之手将会造成多么大的破坏性效果。

HUMAN
GENE
EDITING

上帝的手术刀
基因编辑简史

222

然而，青山遮不住，毕竟东流去。

历史的经验告诉我们，人类对自身和对世界的认识与改造也许会凝滞，但似乎从未被逆转。在 21 世纪的开头十几年，我们已经见证了以锌手指核酸酶、"神话"核酸酶以及以 CRISPR/cas9 技术为代表的基因编辑技术的发展，迅速降低了人类改造自身遗传信息的门槛，为人类治疗疾病、预防疾病乃至改善自身性状开启了一扇大门。不管是恐惧也罢、抵触也罢、欢迎也罢、漫不经心也罢，我们这个物种在进化数十亿年之后，确确实实已经站在了大规模改造其他生物乃至创造自身的门槛上。在这个很可能被载入史册的关口，与其试图用道德观念和伦理批判延缓脚步，还不如用更开放的心态拥抱它，用最严格的监管管控它，让新技术在自身进化成熟之后，帮助人类更好地认识和完善自己。

还记得小学三年级的时候老爸给我订了本《科幻世界》，于我而言，这本杂志就像是一扇通往新世界的大门。直到现在，我都还是铁杆科幻迷。长大以后以生物学研究为职业，就更加关注科幻世界是如何构思人类的未来。偏偏我很喜欢的两位本土科幻作家，老王（王晋康）和大刘（刘慈欣），也就这个话题创作过杰出的作品，像《豹人》《生命之歌》《天使时代》《魔鬼积木》……在科幻作家的想象空间里，人类终将会从自然选择那里拿回对自己身体的决定权，通过修改遗传信息，创造全新的人类命运。所有的伦理纠结，所有的血腥争斗，所有的愤怒和无奈，也都由此展开。

在这里不妨贴一段来自大刘《天使时代》的文字：

当分子生物学对生物大分子的操纵和解析技术达到一定高度时，这门学科就面对着它的终极目标：通过对基因的重新组合改变生物的性状，直到创造新生物。这时，这门科学将发生深刻变化，将由操纵巨量的分子变为操纵巨量的信息，这对于与数学仍有一定距离的传统分子生物学来说是极其困难的。直接操纵四种碱基来对基因进行编码，使其产生预期的生物体，就如同用 0 和 1 直接编程产生 Windows XP 一样不可想象。依塔最早敏锐地意识到这一点，他深刻地揭示出了基因工程和软件工程共同的本质，把基础已经相当雄厚的软件工程学应用到分子生物学中。他首先发明了用于基因编程的宏汇编语言，接着创造了面向过程的基因高级编程语言，被称为"生命 BASIC"；当面向对象的基因高级语言"伊甸园 ++"出现时，人类真的拥有了一双上帝之手。

老实说，人类对自身遗传信息的理解仍然还很肤浅，至于对遗传信息的精确编辑更是刚刚起步。像小说中这样利用程序创造基因、创造生命，当然还是遥不可及的幻想。但是看完这本书的你应该已经明了，利用生物学技术修改人类基因，已经不再仅仅是停留在科幻想象中的概念了。人类的基因编程时代，是正在向着我们扑面而来的未来。

事实上，就在本书经历反复增删和修改的时间里，又有几条重磅新闻发布。

2015 年，中国科学家、中山大学教授黄军就发表论文，报道了利用 CRISPR/cas9 技术修改人类胚胎的首次尝试。在这项工作中，科学家们收集了体外受精过程中产生的废弃胚胎，修改了与地中海贫血症相关的人类 HBB 基因。此事引发的伦理和科学讨论尚未降温，2016 年初，英国科学家凯西·尼亚肯（Kathy Niakan）也向该国监管机构提出申请，希望利用类似技术修改人类胚胎的 Oct4 基因。而到了 2016 年中，广州医科大学范勇实验室又一次报道了修改人类胚胎中 CCR5 基因的工作——这项工作的目标，就像本书反复讨论过的那样，正是探索是否可以"制造"先天就对艾滋病毒免疫的人类宝宝。也就是说，尽管基因编辑技术距离应用仍很遥远，但在科学世界里，利用这项技术改造人类，治疗遗传疾病、塑造更健康的个体，已经是不言而喻的"下一步"。

而到了2017年初，美国国家科学院更是发布了《人类基因组编辑：科学、伦理和管理》的重磅报告，首度对基因编辑人类松口。科学家和管理者们建议，在"严格的监管和风险评估下"，基因编辑技术可以用来改造人类的生殖细胞和胚胎！尽管在报告中，这项技术的使用范围仍然被小心局限在治疗先天遗传疾病，而不是用于改变身高、智商、相貌等属性。这项报告当然也措辞强硬地指出，这项技术的应用需要接受严格监管，需要保障受试者的知情权和个人隐私，需要审慎对待公众建议、反复评估社会风险。但是这份报告的出炉，仍然标志着基因编程时代的大幕终于拉开了。

看完本书的读者们，相信这一点早在你们意料之中。毕竟，拥有更健康的身体、更美好的生活，是我们每个人与生俱来的本能和期望。当一项技术被反复证明安全无害，又切切实实可以改善我们的生活时，期待它走进千家万户就仅仅是个时间问题。

实际上，人类医学的所有成就，又有哪一项不是这样顶着来自经验、社会规范和伦理的巨大挑战走过来的呢？从外科手术、无菌处理到药物开发，我们早就在用经验和智慧让人体远离自然界无处不在的威胁和伤害。从人工避孕、试管婴儿到遗传疾病的孕期筛查，我们更是已经在操控人类自身的繁衍。那么，修改人类胚胎的遗传信息，让孩子们从出生的那一刻起就远离某些病痛的折磨，甚至让他们从出生起就更聪明、更美丽、更健壮，也同样是许许多多人类个体的本能期待吧？

技术也许是中性的，但是技术的应用却可能创造一个魔鬼出没的世界。面对基因编辑技术的强大力量，人们的深切担忧不是没有道理的：匆忙使用这项技术，会不会制造出大量的怪胎和残疾婴儿？这项技术的应用会不会破坏人类基因的多样性，让人类彻底失去应对未来环境变化的生物学基础？这项技术会不会侵犯尚未出生的婴儿的选择权？基因编辑一旦商品化，穷人和富人的鸿沟会不会从此被固化在遗传物质中，再也无法弥合？

这些问题理所当然需要得到我们的关注和思考。毕竟，我们已经站在区隔历史和科幻的门槛上。

亲爱的读者们，你们也可以问问自己，人类想要一个什么样的未来？

你们看到的这本书起意于 2015 年初，当时中国科学家首次编辑人类胚胎的新闻引发了巨大的争议，我因此想要写点东西，讲讲这项技术的前世今生。文章在我的微信公众号上连载，说实话，内容写得有点晦涩，多亏了许多热心读者的支持才没有虎头蛇尾。这次编辑成书，篇幅又扩展了一倍。我的小小野心是，希望借这个话题，把人类究竟是如何理解自身，如何利用这些信息尝试改造自身的讲清楚。这是一个关乎历史和现在，并连接未来的大话题，我时常会担忧，自己的文字实在配不上这样的野心。

谢谢湛庐文化的简学老师和郝莹编辑，谢谢本书的美编李新泉，是你们的工作把粗糙的文字变成成型的作品，又把作品带给更多的读者。谢谢亲爱的妻子、爸爸妈妈，以及两个女儿。你们的爱让我始终有动力做更好的自己。每次写字写到疲惫无力的时候，查资料查到眼睛昏花的时候，想到你们对我的爱，我就会重新充满热情。

本书在重印时做了几处修正，例如改正了"柏林病人"的国籍，补充专利保护方面的讨论。在此要特别感谢专利法专家卢蓓师兄的指正。很多热心读者也指出，封面设计上的 DNA 是一个左手螺旋，而地球生物体内的 DNA 在绝大多数时候是个"右撇子"。这确实是我的疏忽。不过我想，大家应该也能接受艺术空间里一定的想象和扭曲吧！

01 基因的秘密

Avery, O.T., MacLeod, C.M., and McCarty, M. (1944). Studies on the chemical nature of the substance inducing transformation of pneumococcal types: Induction of transformation by a desoxyribonucleic acid fraction isolated from pneumococcus type III. J Exp Med 79, 137-158.

Cobb, M. (2006). Heredity before genetics: A history. Nat Rev Genet 7, 953-958.

Cobb, M. (2014). Oswald Avery, DNA, and the transformation of biology. Curr Biol 24, R55-R60.

Cobb, M. (2016). A Speculative History of DNA: What if Oswald Avery Had Died in 1934?. PLoS Biol 14, e2001197.

Davenport, C.B. (1937). Home of the Ancon Sheep. Science 86, 422-422.

Diamond, J. (1997). Guns, Germs, and Steel: The Fates of Human Societies (W. W. Norton).

Eichmann, K., and Krause, R.M. (2013). Fred Neufeld and pneumococcal serotypes: foundations for the discovery of the transforming principle. Cell Mol Life Sci 70, 2225-2236.

Franklin, R.E., and Gosling, R.G. (1953). Molecular configuration in sodium thymonucleate. Nature 171, 740-741.

Griffith, F. (1928). The Significance of Pneumococcal Types. J Hyg (Lond) 27, 113-159.

Harari, Y. (2014). Sapiens: A Brief History of Humankind (Harper).

Hartl, D., and Jones, E. (2005). Genetics: Analysis of Genes and Genomes (Jones & Barlett).

Hershey, A.D., and Chase, M. (1952). Independent functions of viral protein and nucleic acid in growth of baceriophage. J Gen Physiol 36, 39-56.

Judson, H.F. (1996). The Eighth Day of Creation: Makers of the Revolution in Biology (Touchstone Books).

Leder, P. (2010). Marshall Warren Nirenberg (1927–2010). Science 327, 972-972.

Leder, P., and Nirenberg, M.W. (1964). RNA codewords and protein synthesis, III. The nucleotide sequence of a cysteine and a leucine RNA codeword. Proc Natl Acad Sci USA 52, 1521-1529.

Lorenz, M.G., and Wackernagel, W. (1994). Bacterial gene transfer by natural genetic transformation in the environment. Microbiol Rev 58, 563-602.

McCarty, M. (2003). Discovering genes are made of DNA. Nature 421, 406-406.

Meselson, M., and Stahl, F.W. (1958). The replication of DNA in Escherichia coli. Proc Natl Acad Sci USA 44, 671-682.

Watson, J.D., and Crick, F.H. (1953). Molecular structure of nucleic acids: a structure for deoxyribose nucleic acid. Nature 171, 737-738.

Wilkins, M.H., Stokes, A.R., and Wilson, H.R. (1953). Molecular structure of deoxypentose nucleic acids. Nature 171, 738-740.

Witting, L. (2008). Inevitable evolution: back to the origin and beyond the 20th century paradigm of contingent evolution by historical natural selection. Biol Rev Camb Philos Soc 83, 259-294.

02 给基因动手术

Anderson, W.F. (1990). September 14, 1990: The Beginning. Hum Gene Ther 1, 371-372.

Blaese, R.M., Culver, K.W., Anderson, W.F., Nienhuis, A., Dunbar, C., Chang, L., Mullen, C., Carter, C., Leitman, S., Berger, M., et al. (1993). Treatment of Severe Combined Immunodeficiency Disease (SCID) due to Adenosine Deaminase Deficiency with CD34+ Selected Autologous Peripheral Blood Cells Transduced with a Human ADA Gene (Amendment). National Institutes of Health. Hum Gene Ther 4, 521-527.

Blaese, R.M., Culver, K.W., Miller, A.D., Carter, C.S., Fleisher, T., Clerici, M., Shearer, G., Chang, L., Chiang, Y., Tolstoshev, P., et al. (1995). T Lymphocyte-Directed Gene Therapy for ADA-SCID: Initial Trial Results After 4 Years. Science 270, 475-480.

Bryant, L.M., Christopher, D.M., Giles, A.R., Hinderer, C., Rodriguez, J.L., Smith, J.B., Traxler, E.A., Tycko, J., Wojno, A.P., and Wilson, J.M. (2013). Lessons Learned from the

Clinical Development and Market Authorization of Glybera. Hum Gene Ther Clin Dev 24, 55-64.

Bunn, H.F. (1997). Pathogenesis and Treatment of Sickle Cell Disease. N Engl J Med 337, 762-769.

Cepko, C.L., Roberts, B.E., and Mulligan, R.C. (1984). Construction and applications of a highly transmissible murine retrovirus shuttle vector. Cell 37, 1053-1062.

Cohen, S.N. (2013). DNA cloning: A personal view after 40 years. Proc Natl Acad Sci USA 110, 15521-15529.

Cohen, S.N., Chang, A.C.Y., Boyer, H.W., and Helling, R.B. (1973). Construction of Biologically Functional Bacterial Plasmids in Vitro. Proc Natl Acad Sci USA 70, 3240-3244.

Cuthbert, A.W., Halstead, J., Ratcliff, R., Colledge, W.H., and Evans, M.J. (1995). The genetic advantage hypothesis in cystic fibrosis heterozygotes: a murine study. J Physiol 482, 449-454.

Dolgin, E. (2015). The myopia boom. Nature 519.

Frank, K.M., Hogarth, D.K., Miller, J.L., Mandal, S., Mease, P.J., Samulski, R.J., Weisgerber, G.A., and Hart, J. (2009). Investigation of the Cause of Death in a Gene-Therapy Trial. N Engl J Med 361, 161-169.

Friedmann, T., and Roblin, R. (1972). Gene Therapy for Human Genetic Disease?. Science 175, 949-955.

Gabriel, S.E., Brigman, K.N., Koller, B.H., Boucher, R.C., and Stutts, M.J. (1994). Cystic fibrosis heterozygote resistance to cholera toxin in the cystic fibrosis mouse model. Science 266, 107-109.

Hacein-Bey-Abina, S., Garrigue, A., Wang, G.P., Soulier, J., Lim, A., Morillon, E., Clappier, E., Caccavelli, L., Delabesse, E., Beldjord, K., et al. (2008). Insertional oncogenesis in 4 patients after retrovirus-mediated gene therapy of SCID-X1. J Clin Invest 118, 3132-3142.

Hütter, G., Bodor, J., Ledger, S., Boyd, M., Millington, M., Tsie, M., and Symonds, G. (2015). CCR5 Targeted Cell Therapy for HIV and Prevention of Viral Escape. Viruses 7, 4186-4203.

Hütter, G., Nowak, D., Mossner, M., Ganepola, S., Müßig, A., Allers, K., Schneider, T., Hofmann, J., Kücherer, C., Blau, O., et al. (2009). Long-Term Control of HIV by CCR5 Delta32/Delta32 Stem-Cell Transplantation. N Engl J Med 360, 692-698.

Rees, D.C., Williams, T.N., and Gladwin, M.T. (2010). Sickle-cell disease. Lancet 376, 2018-2031.

Wirth, T., Parker, N., and Ylä-Herttuala, S. (2013). History of gene therapy. Gene 525, 162-169.

03 黄金手指

Bibikova, M., Golic, M., Golic, K.G., and Carroll, D. (2002). Targeted chromosomal cleavage and mutagenesis in Drosophila using zinc-finger nucleases. Genetics 161, 1169-1175.

Chandrasegaran, S., and Carroll, D. (2016). Origins of Programmable Nucleases for Genome Engineering. J Mol Biol 428, 963-989.

Cheng, L., Blazar, B., High, K., and Porteus, M. (2011). Zinc fingers hit off target. Nat Med 17, 1192-1193.

Churchill, M.E., Tullius, T.D., and Klug, A. (1990). Mode of interaction of the zinc finger protein TFIIIA with a 5S RNA gene of Xenopus. Proc Natl Acad Sci USA 87, 5528-5532.

Doyon, Y., Vo, T.D., Mendel, M.C., Greenberg, S.G., Wang, J., Xia, D.F., Miller, J.C., Urnov, F.D., Gregory, P.D., and Holmes, M.C. (2011). Enhancing zinc-finger-nuclease activity with improved obligate heterodimeric architectures. Nat Meth 8, 74-79.

Engelke, D.R., Ng, S.-Y., Shastry, B.S., and Roeder, R.G. (1980). Specific interaction of a purified transcription factor with an internal control region of 5S RNA genes. Cell 19, 717-728.

Ginsberg, A.M., King, B.O., and Roeder, R.G. (1984). Xenopus 5S gene transcription factor, TFIIIA: Characterization of a cDNA clone and measurement of RNA levels throughout development. Cell 39, 479-489.

Kandavelou, K., Mani, M., Durai, S., and Chandrasegaran, S. (2005). 'Magic' scissors for genome surgery. Nat Biotech 23, 686-687.

Kim, Y.G., Cha, J., and Chandrasegaran, S. (1996). Hybrid restriction enzymes: zinc finger fusions to FokI cleavage domain. Proc Natl Acad Sci USA 93, 1156-1160.

Klug, A. (2010). The Discovery of Zinc Fingers and Their Applications in Gene Regulation and Genome Manipulation. Annu Rev Biochem 79, 213-231.

Klug, A., and Rhodes, D. (1987). Zinc Fingers: A Novel Protein Fold for Nucleic Acid Recognition. Cold Spring Harb Symp Quant Biol 52, 473-482.

Lu, T.K., Chandrasegaran, S., and Hodak, H. (2016). The Era of Synthetic Biology and Genome Engineering: Where No Man Has Gone Before. J Mol Biol 428, 835-836.

Miller, J.C., Holmes, M.C., Wang, J., Guschin, D.Y., Lee, Y.-L., Rupniewski, I., Beausejour, C.M., Waite, A.J., Wang, N.S., Kim, K.A., et al. (2007). An improved zinc-finger nuclease architecture for highly specific genome editing. Nat Biotech 25, 778-785.

Moore, M., Choo, Y., and Klug, A. (2001). Design of polyzinc finger peptides with structured linkers. Proc Natl Acad Sci USA 98, 1432-1436.

Porteus, M.H., and Baltimore, D. (2003). Chimeric Nucleases Stimulate Gene Targeting in Human Cells. Science 300, 763-763.

Tebas, P., Stein, D., Tang, W.W., Frank, I., Wang, S.Q., Lee, G., Spratt, S.K., Surosky, R.T., Giedlin, M.A., Nichol, G., et al. (2014). Gene Editing of CCR5 in Autologous CD4 T Cells of Persons Infected with HIV. N Engl J Med 370, 901-910.

Walker, F.O. (2007). Huntington's disease. Lancet 369, 218-228.

Watson, J.D., Baker, T.A., Bell, S.P., Gann, A., Levine, M., and Losick, R. (2004). Molecular Biology of the Gene (Pearson Benjamin Cummings).

04 编程时代

Barrangou, R., Fremaux, C., Deveau, H., Richards, M., Boyaval, P., Moineau, S., Romero, D.A., and Horvath, P. (2007). CRISPR Provides Acquired Resistance Against Viruses in Prokaryotes. Science 315, 1709-1712.

Boch, J., and Bonas, U. (2010). Xanthomonas AvrBs3 Family-Type III Effectors: Discovery and Function. Annual Review of Phytopathology 48, 419-436.

Boch, J., Scholze, H., Schornack, S., Landgraf, A., Hahn, S., Kay, S., Lahaye, T., Nickstadt, A., and Bonas, U. (2009). Breaking the Code of DNA Binding Specificity of TAL-Type III Effectors. Science 326, 1509-1512.

Büttner, D., and Bonas, U. (2002). NEW EMBO MEMBER'S REVIEW: Getting across—bacterial type III effector proteins on their way to the plant cell. EMBO J 21, 5313-5322.

Cathomen, T., and Keith Joung, J. (2008). Zinc-finger Nucleases: The Next Generation Emerges. Mol Ther 16, 1200-1207.

Cong, L., Ran, F.A., Cox, D., Lin, S., Barretto, R., Habib, N., Hsu, P.D., Wu, X., Jiang, W., Marraffini, L.A., et al. (2013). Multiplex Genome Engineering Using CRISPR/Cas Systems. Science 339, 819-823.

Egelie, K.J., Graff, G.D., Strand, S.P., and Johansen, B. (2016). The emerging patent landscape of CRISPR-Cas gene editing technology. Nat Biotech 34, 1025-1031.

Fellmann, C., Gowen, B.G., Lin, P.-C., Doudna, J.A., and Corn, J.E. (2017). Cornerstones of CRISPR-Cas in drug discovery and therapy. Nat Rev Drug Discov 16, 89-100.

Foley, J.E., Yeh, J.-R.J., Maeder, M.L., Reyon, D., Sander, J.D., Peterson, R.T., and Joung,

J.K. (2009). Rapid Mutation of Endogenous Zebrafish Genes Using Zinc Finger Nucleases Made by Oligomerized Pool ENgineering (OPEN). PLoS ONE 4, e4348.

Jinek, M., Chylinski, K., Fonfara, I., Hauer, M., Doudna, J.A., and Charpentier, E. (2012). A Programmable Dual-RNA-Guided DNA Endonuclease in Adaptive Bacterial Immunity. Science 337, 816-821.

Jinek, M., East, A., Cheng, A., Lin, S., Ma, E., and Doudna, J. (2013). RNA-programmed genome editing in human cells. eLife 2, e00471.

Kay, S., Hahn, S., Marois, E., Hause, G., and Bonas, U. (2007). A Bacterial Effector Acts as a Plant Transcription Factor and Induces a Cell Size Regulator. Science 318, 648-651.

Kupecz, A. (2014). Who owns CRISPR-Cas9 in Europe?. Nat Biotech 32, 1194-1196.

Lander, Eric S. (2016). The Heroes of CRISPR. Cell 164, 18-28.

Maeder, M.L., Thibodeau-Beganny, S., Osiak, A., Wright, D.A., Anthony, R.M., Eichtinger, M., Jiang, T., Foley, J.E., Winfrey, R.J., Townsend, J.A., et al. (2008). Rapid "open-source" engineering of customized zinc-finger nucleases for highly efficient gene modification. Mol Cell 31, 294-301.

Mali, P., Yang, L., Esvelt, K.M., Aach, J., Guell, M., DiCarlo, J.E., Norville, J.E., and Church, G.M. (2013). RNA-Guided Human Genome Engineering via Cas9. Science 339, 823-826.

Miller, J.C., Tan, S., Qiao, G., Barlow, K.A., Wang, J., Xia, D.F., Meng, X., Paschon, D.E., Leung, E., Hinkley, S.J., et al. (2011). A TALE nuclease architecture for efficient genome editing. Nat Biotech 29, 143-148.

Mojica, F.J.M., Díez-Villaseñor, C.s., García-Martínez, J., and Soria, E. (2005). Intervening Sequences of Regularly Spaced Prokaryotic Repeats Derive from Foreign Genetic Elements. J Mol Evol 60, 174-182.

Mojica, F.J.M., and Rodriguez-Valera, F. (2016). The discovery of CRISPR in archaea and bacteria. FEBS J 283, 3162-3169.

Moscou, M.J., and Bogdanove, A.J. (2009). A Simple Cipher Governs DNA Recognition by TAL Effectors. Science 326, 1501-1501.

Reardon, S. (2016). CRISPR heavyweights battle in US patent court. Nature 540.

Römer, P., Hahn, S., Jordan, T., Strauß, T., Bonas, U., and Lahaye, T. (2007). Plant Pathogen Recognition Mediated by Promoter Activation of the Pepper Bs3 Resistance Gene. Science 318, 645-648.

Sander, J.D., Dahlborg, E.J., Goodwin, M.J., Cade, L., Zhang, F., Cifuentes, D., Curtin,

S.J., Blackburn, J.S., Thibodeau-Beganny, S., Qi, Y., et al. (2011). Selection-Free Zinc-Finger Nuclease Engineering by Context-Dependent Assembly (CoDA). Nat Meth 8, 67-69.

Sherkow, J.S. (2015). Law, history and lessons in the CRISPR patent conflict. Nat Biotech 33, 256-257.

Van den Ackerveken, G., Marois, E., and Bonas, U. (1996). Recognition of the Bacterial Avirulence Protein AvrBs3 Occurs inside the Host Plant Cell. Cell 87, 1307-1316.

Zhang, F., Cong, L., Lodato, S., Kosuri, S., Church, G.M., and Arlotta, P. (2011). Efficient construction of sequence-specific TAL effectors for modulating mammalian transcription. Nat Biotech 29, 149-153.

05 未来，和未来的未来

Bosley, K.S., Botchan, M., Bredenoord, A.L., Carroll, D., Charo, R.A., Charpentier, E., Cohen, R., Corn, J., Doudna, J., Feng, G., et al. (2015). CRISPR germline engineering[mdash] the community speaks. Nat Biotech 33, 478-486.

Cyranoski, D. (2016). Chinese scientists to pioneer first human CRISPR trial. Nature 535.

Demorest, Z.L., Coffman, A., Baltes, N.J., Stoddard, T.J., Clasen, B.M., Luo, S., Retterath, A., Yabandith, A., Gamo, M.E., Bissen, J., et al. (2016). Direct stacking of sequence-specific nuclease-induced mutations to produce high oleic and low linolenic soybean oil. BMC Plant Biol 16, 225.

Evitt, N.H., Mascharak, S., and Altman, R.B. (2015). Human Germline CRISPR-Cas Modification: Toward a Regulatory Framework. Am J Bioeth 15, 25-29.

Hildt, E. (2016). Human Germline Interventions–Think First. Front Genet 7, 81.

LaBarbera, A.R. (2016). Proceedings of the International Summit on Human Gene Editing: a global discussion—Washington, D.C., December 1–3, 2015. J Assist Reprod Genet 33, 1123-1127.

Ledford, H. (2016). Gene-editing surges as US rethinks regulations. Nature 532.

Liang, P., Xu, Y., Zhang, X., Ding, C., Huang, R., Zhang, Z., Lv, J., Xie, X., Chen, Y., Li, Y., et al. (2015). CRISPR/Cas9-mediated gene editing in human tripronuclear zygotes. Protein Cell 6, 363-372.

Marx, V. (2012). Genome-editing tools storm ahead. Nat Meth 9, 1055-1059.

Miller, H.I. (2015). Recasting Asilomar's lessons for human germline editing. Nat Biotech 33, 1132-1134.

Polymeropoulos, E.T., Plouffe, D., LeBlanc, S., Elliott, N.G., Currie, S., and Frappell, P.B. (2014). Growth hormone transgenesis and polyploidy increase metabolic rate, alter the cardiorespiratory response and influence HSP expression in response to acute hypoxia in Atlantic salmon (Salmo salar) yolk-sac alevins. J Exp Biol 217, 2268-2276.

Reardon, S. (2015). Leukaemia success heralds wave of gene-editing therapies. Nature 527.

Shen, H. (2013). CRISPR technology leaps from lab to industry. Nature.

Stoddard, T.J., Clasen, B.M., Baltes, N.J., Demorest, Z.L., Voytas, D.F., Zhang, F., and Luo, S. (2016). Targeted Mutagenesis in Plant Cells through Transformation of Sequence-Specific Nuclease mRNA. PLoS ONE 11, e0154634.

Travis, J. (2015). Germline editing dominates DNA summit. Science 350, 1299-1300.

Waltz, E. (2016). Gene-edited CRISPR mushroom escapes US regulation. Nature 532.

图 1-1：http://www.crystalinks.com/egyptfarming.jpg

图 1-2：http://voices.nationalgeographic.com/files/2009/03/maize-and-wild-ancestor-comparison.jpg

图 1-5：http://www.yourarticlelibrary.com/wp-content/uploads/2014/02/clip_image0129.jpg

图 1-7：http://www.seasky.org/ocean-exploration/assets/images/beagle_voyage.png

图 1-8：http://forskning.no/sites/forskning.no/files/blogg/darwin.jpg

图 1-9：http://photo.hanyu.iciba.com/upload/encyclopedia_2/76/36/bk_76366ee51589e5533ec35de4cb8d48ca_GekGq1.jpg

图 1-10：改编自 http://www.mun.ca/biology/scarr/MGA2-05-05smc.jpg

图 1-11：改编自 http://www.mun.ca/biology/scarr/MGA2-05-05smc.jpg

图 1-12：改编自 http://www.mun.ca/biology/scarr/MGA2-05-05smc.jpg

图 1-13：改编自 http://www.mun.ca/biology/scarr/MGA2-05-05smc.jpg

图 1-14：http://users.rcn.com/jkimball.ma.ultranet/BiologyPages/C/Colonies_smooth.jpg

http://users.rcn.com/jkimball.ma.ultranet/BiologyPages/C/Colonies_rough.jpg

图 1-15：改编自 http://timerime.com/user_files/133/133637/media/image002.jpg

图 1-16：http://www.doctortee.com/dsu/tiftickjian/cse-img/genetics/molecular/avery-exp.jpg

图 1-17：http://imgarcade.com/1/meiosis-phases-microscope/

图 1-18：http://www.yourgenome.org/sites/default/files/images/illustrations/hershey_chase_experiment_yourgenome.png

图 1-19：改编自 http://www.desktopclass.com/wp-content/uploads/2011/02/DNA_base_pairing-01_01_03a.jpg

图 1-20：http://study.com/cimages/multimages/16/Nitrogenous_bases.jpg

图 1-21：http://www.ba-education.com/dna/dnafour.jpg

图 1-22：http://www.nature.com/nature/journal/v421/n6921/images/nature01399-f1.2.jpg

图 1-23：《双螺旋》（插图注释本）28-6

图 1-24：改编自：http://image.slidesharecdn.com/replication-131220144801-phpapp01/95/dna-replication-in-eukaryotes-and-prokaryotes-14-638.jpg?cb=1387551066

图 1-25：改编自：http://images.gutefrage.net/media/fragen/bilder/meselson-stahl-experiment---hilfe-qwq/0_big.jpg

图 1-26：http://adapaproject.org/images/biobook_images/A000161_Atpsynthase.jpg

图 1-29：http://www.michaelsharris.com/12ubio/pix/proteinsynthdogma.jpg

图 2-1：http://discovermagazine.com/~/media/Images/Issues/2015/jan-feb/sickle-cell-anemia.jpg

图 2-2：https://en.wikipedia.org/wiki/Cystic_fibrosis#/media/File:ClubbingCF.JPG

图 2-4：http://www.nature.com/polopoly_fs/7.24477.1426508156!/image/Myopia2.jpg_gen/derivatives/landscape_630/Myopia2.jpg

图 2-5：http://learn.genetics.utah.edu/content/epigenetics/twins/images/twin_table.jpg

图 2-6：http://www.fredhutch.org/en/news/center-news/2015/02/timothy-ray-brown-doctor-who-cured-him/_jcr_content/articletext/textimage/image.img.jpg/1425085307923.jpg

图 2-7：http://static2.businessinsider.com/image/5058963969bedd0409000009/curing-the-disease-that-trapped-the-bubble-boy.jpg

图 2-8：http://www.biorewind.com/wp-content/uploads/2012/03/Recombinant-DNA.png

图 2-9：http://img.iknow.bdimg.com/zhidaoribao2014/2015year/0516/43.jpg

图 2-10：http://primaryimmune.org/wp-content/uploads/2013/09/First-Gene-Therapy-Patients-2013.jpg

图 2-11：http://vector.childrenshospital.org/wp-content/uploads/2014/05/Illustration-1-Gene-Therapy-Final-Draft_small_WAS_gene_therapy.jpg

图 2-12：https://upload.wikimedia.org/wikipedia/commons/c/c8/HIV_Genome_Org_wRRE.png

图 2-13：http://users.rcn.com/jkimball.ma.ultranet/BiologyPages/H/HIV_virion2.png

图 2-14：http://igtrcn.org/wp-content/uploads/2014/05/MLV.jpg

图 2-15：http://www.jesse-gelsinger.com/images/jesseportrait.jpg

图 2-16：http://res.news.ifeng.com/af0a411b01107b98/2011/1221/rdn_4ef1a5907fb2e.jpg

图 2-17：http://qtxasset.com/styles/max_325x325/s3fs/2016-05/Glybera.jpg? 0XrZ6jiQVJnuK VeNlltR_OpIBAF9G9d5&itok=VQBAaT0v

图 3-1：http://blogs.discovermagazine.com/neuroskeptic/files/2010/10/huntingtons1.jpg

图 3-2：http://img.medicalxpress.com/newman/gfx/news/hires/2011/retrieve(4).jpg

图 3-4：http://www.michaeleisen.org/blog/wp-content/uploads/2008/10/fps.png

图 3-5：http://images.fineartamerica.com/images-medium-large/transcription-factor-and-dna-molecules-phantatomix.jpg

图 3-6：http://www.rockefeller.edu/research/images/upload/headshots/RobertGRoeder.jpg

图 3-7：http://i.stack.imgur.com/kUMGe.gif

图 3-8：http://2011.igem.org/wiki/images/c/cb/HARV1985Miller_etal.png

图 3-9：http://2010.igem.org/wiki/images/thumb/a/a8/SLO_DNA_binding_domain_Zinc_finger.jpg/550px-SLO_DNA_binding_domain_Zinc_finger.jpg

图 3-10：改编自 http://2010.igem.org/wiki/images/thumb/a/a8/SLO_DNA_binding_domain_Zinc_finger.jpg/550px-SLO_DNA_binding_domain_Zinc_finger.jpg

图 3-11：http://drugline.org/img/term/restriction-enzyme-12878_2.jpg

图 3-12：http://www.bioprocessintl.com/wp-content/uploads/2016/04/14-4sup-Brindley-F11.jpg

图 3-13：http://www.nature.com/nbt/journal/v32/n4/images/nbt.2842-F1.jpg

图 3-15：http://www.unemed.com/wp-content/uploads/2012/08/coca-cola.jpg

图 3-16：http://www.sh133.cn/uploadfile/2013/1220/20131220103619782.jpg

图 3-17：http://www.biotechniques.com/multimedia/archive/00249/BTN_A_000114284_O_F_249755b.jpg

图 4-1：http://www.bio-itworld.com/uploadedImages/Bio-IT_World/Top_Headlines/2014/01-Jan/joung.jpg

图 4-2：http://www.dfg.de/zentralablage/bilder/gefoerderte_projekte/preistraeger/gwl/gwl_2011/gwl_bonas.JPG

图 4-3：http://1.im.guokr.com/rUFFNMmh4qQUYFJgm11-xQFX9WMr6s1qJ6RRsDPsX4U2BA AA4AIAAEpQ.jpg?imageView2/1/w/600/h/409

图 4-4：http://geneeditingservice.com/images/TALEN2.png

图 4-5：http://bcs.mit.edu/sites/default/files/featured-images/MIT-Gairdner-Feng-Zhang.jpg

图 4-6：http://www.nature.com/nrmicro/journal/v9/n6/images/nrmicro2577-f1.jpg

图 4-7：http://wwwuser.cnb.csic.es/~montoliu/CRISPR/Mojica_CRISPR.jpg

图 4-8：http://cen.acs.org/content/cen/articles/92/i39/Patent-Picks-CRISPRCas9-Gene-Editing/_jcr_content/articlebody/subpar/articlemedia_0.img.jpg/1411601991378.jpg

图 4-9：http://www4.pictures.zimbio.com/gi/Emmanuelle+Charpentier+Jennifer+Doudna+Breakthrough+41Nvzn0lLKzl.jpg

图 4-10：www.broadinstitute.org）http://patft.uspto.gov/netacgi/nph-Parser?Sect1=PTO2&Sect2=HITOFF&p=1&u=%2Fnetahtml%2FPTO%2Fsearch-bool.html&r=1&f=G&l=50&co1=AND&d=PTXT&s1=8,697,359.PN.&OS=PN/8,697,359&RS=PN/8,697,359

图 4-11：http://www.biotechniques.com/multimedia/archive/00167/ObamaSigningAmerica_167550a.bmp

图 4-12：http://www.videoeditingsage.com/images/Philo3.jpg

图 5-1：http://www.nature.com/polopoly_fs/7.10292.1367341943!/image/1.12903_Measuring-transgenic-vs-non-transgenic-siblings-CREDIT-AquaBounty.jpg_gen/derivatives/landscape_630/1.12903_Measuring-transgenic-vs-non-transgenic-siblings-CREDIT-AquaBounty.jpg

图 5-2：http://www.nature.com/polopoly_fs/7.35805.1460657043!/image/GettyImages-574543673_web.jpg_gen/derivatives/landscape_630/GettyImages-574543673_web.jpg

图 5-3：http://c.hiphotos.baidu.com/news/crop%3D0%2C1%2C500%2C300%3Bw%3D638/sign=a453f4ff072442a7ba41a7e5ec73817a/21a4462309f79052a220894204f3d7ca7bcbd58b.jpg

图 5-4：改编自：http://vector.childrenshospital.org/wp-content/uploads/2014/05/Illustration-1-Gene-Therapy-Final-Draft_small_WAS_gene_therapy.jpg

图 5-5：改编自：http://vector.childrenshospital.org/wp-content/uploads/2014/05/Illustration-1-Gene-Therapy-Final-Draft_small_WAS_gene_therapy.jpg

图 5-6：改编自：http://vector.childrenshospital.org/wp-content/uploads/2014/05/Illustration-1-Gene-Therapy-Final-Draft_small_WAS_gene_therapy.jpg

图 5-7：https://www.statnews.com/wp-content/uploads/2015/11/Image-2_credit-GOSH-2048x1152.jpg

图 5-8：http://images.lpcdn.ca/641x427/201305/18/691445-angelina-jolie.jpg

图 5-9：https://en.wikipedia.org/wiki/Andreas_Vesalius#/media/File:Vesalius_Portrait_pg_xii_-_c.png

图 5-10：http://clinicquotes.com/wp-content/uploads/2012/09/xparental-notification.jpg

未来，属于终身学习者

我这辈子遇到的聪明人（来自各行各业的聪明人）没有不每天阅读的——没有，一个都没有。巴菲特读书之多，我读书之多，可能会让你感到吃惊。孩子们都笑话我。他们觉得我是一本长了两条腿的书。

——查理·芒格

互联网改变了信息连接的方式；指数型技术在迅速颠覆着现有的商业世界；人工智能已经开始抢占人类的工作岗位……

未来，到底需要什么样的人才？

改变命运唯一的策略是你要变成终身学习者。未来世界将不再需要单一的技能型人才，而是需要具备完善的知识结构、极强逻辑思考力和高感知力的复合型人才。优秀的人往往通过阅读建立足够强大的抽象思维能力，获得异于众人的思考和整合能力。未来，将属于终身学习者！而阅读必定和终身学习形影不离。

很多人读书，追求的是干货，寻求的是立刻行之有效的解决方案。其实这是一种留在舒适区的阅读方法。在这个充满不确定性的年代，答案不会简单地出现在书里，因为生活根本就没有标准确切的答案，你也不能期望过去的经验能解决未来的问题。

湛庐阅读APP：与最聪明的人共同进化

有人常常把成本支出的焦点放在书价上，把读完一本书当做阅读的终结。其实不然。

时间是读者付出的最大阅读成本

怎么读是读者面临的最大阅读障碍

"读书破万卷"不仅仅在"万"，更重要的是在"破"！

现在，我们构建了全新的 "湛庐阅读"APP。它将成为你"破万卷"的新居所。在这里：

- 不用考虑读什么，你可以便捷找到纸书、有声书和各种声音产品；
- 你可以学会怎么读，你将发现集泛读、通读、精读于一体的阅读解决方案；
- 你会与作者、译者、专家、推荐人和阅读教练相遇，他们是优质思想的发源地；
- 你会与优秀的读者和终身学习者为伍，他们对阅读和学习有着持久的热情和源源不绝的内驱力。

从单一到复合，从知道到精通，从理解到创造，湛庐希望建立一个"与最聪明的人共同进化"的社区，成为人类先进思想交汇的聚集地，共同迎接未来。

与此同时，我们希望能够重新定义你的学习场景，让你随时随地收获有内容、有价值的思想，通过阅读实现终身学习。这是我们的使命和价值。

湛庐阅读APP玩转指南

湛庐阅读APP结构图:

- 12+图书订阅服务
- 纸质书
- 有声书
- 电子书

读什么

湛庐阅读APP

优秀的读者和终身学习者　**与谁共读**

怎么读
- 泛读:一书一课
- 通读:通识课
- 精读:精读班

跟谁读　作者、译者、专家、推荐人和阅读教练

三步玩转湛庐阅读APP:

读一读▼

湛庐纸书一站买,
全年好书打包订

书城

听一听▼

泛读、通读、精读,
选取适合你的阅读方式

扫一扫▼

买书、听书、讲书、
拆书服务,一键获取

扫一扫

APP获取方式:
安卓用户前往各大应用市场,苹果用户前往APP Store
直接下载"湛庐阅读"APP,与最聪明的人共同进化!

使用APP扫一扫功能，
遇见书里书外更大的世界!

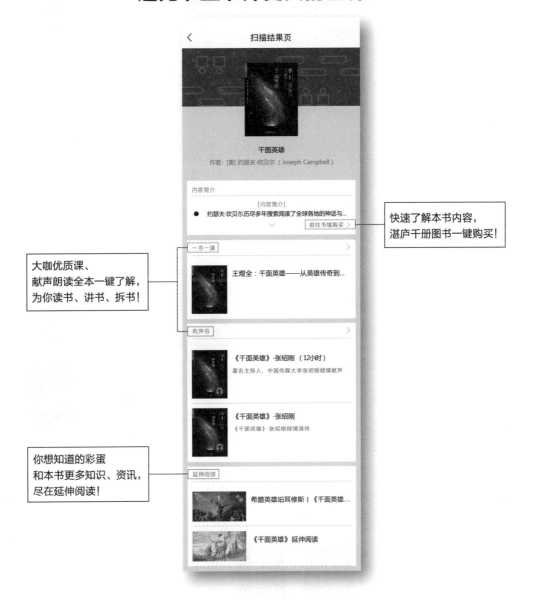

快速了解本书内容，
湛庐千册图书一键购买!

大咖优质课、
献声朗读全本一键了解，
为你读书、讲书、拆书!

你想知道的彩蛋
和本书更多知识、资讯，
尽在延伸阅读!

湛庐文化获奖书目

《爱哭鬼小隼》
　国家图书馆"第九届文津奖"十本获奖图书之一
《新京报》2013年度童书
《中国教育报》2013年度教师推荐的10大童书
　新阅读研究所"2013年度最佳童书"

《群体性孤独》
　国家图书馆"第十届文津奖"十本获奖图书之一
　2014"腾讯网·啖书局"TMT十大最佳图书

《用心教养》
　国家新闻出版广电总局2014年度"大众喜爱的50种图书"生活与科普类TOP6

《正能量》
《新智囊》2012年经管类十大图书,京东2012好书榜年度新书

《正义之心》
《第一财经周刊》2014年度商业图书TOP10

《神话的力量》
《心理月刊》2011年度最佳图书奖

《当音乐停止之后》
《中欧商业评论》2014年度经管好书榜·经济金融类

《富足》
《哈佛商业评论》2015年最值得读的八本好书
　2014"腾讯网·啖书局"TMT十大最佳图书

《稀缺》
《第一财经周刊》2014年度商业图书TOP10
《中欧商业评论》2014年度经管好书榜·企业管理类

《大爆炸式创新》
《中欧商业评论》2014年度经管好书榜·企业管理类

《技术的本质》
　2014"腾讯网·啖书局"TMT十大最佳图书

《社交网络改变世界》
　新华网、中国出版传媒2013年度中国影响力图书

《孵化Twitter》
　2013年11月亚马逊(美国)月度最佳图书
《第一财经周刊》2014年度商业图书TOP10

《谁是谷歌想要的人才?》
《出版商务周报》2013年度风云图书·励志类上榜书籍

《卡普新生儿安抚法》(《最快乐的宝宝1·0~1岁》)
　2013新浪"养育有道"年度论坛养育类图书推荐奖

延伸阅读

《神秘的量子生命》

◎ 媲美薛定谔《生命是什么》，量子生物学奠基之作！

◎ 北京大学生命科学学院教授、动物磁感应受体基因和"生物指南针"发现者谢灿倾情推荐！

◎ 亚马逊最佳科学图书、《纽约时报》畅销书；《经济学人》《金融时报》年度好书；英国皇家学会温顿奖获奖图书。

《生命的未来》

◎ 这是一本详细论述生命科学的基本原理的杰出著作，全景展示了分子生物学的历史沿革和未来发展方向。

◎ 21 世纪是生命科学大发展的时代，下一次科技产业革命必将发生在生命科学领域！人类正在经历一个重大转折点，本书讲述的就是"奇点"到来之时 DNA 信息和计算机如何有机结合的有趣故事，震撼力十足，也极具说服力。

《双螺旋》

◎ 诺贝尔奖得主詹姆斯·沃森里程碑式著作，插图注释本珍藏巨献！

◎ 300 余幅珍贵历史照片全景展示 DNA 双螺旋结构波澜壮阔、激动人心的发现历程！

◎ 全景讲述 DNA 双螺旋结构发现历程的经典之作，有着好莱坞式的戏剧张力，又保持了历史叙事的真实性！

《长寿的基因》

◎ 研究基因、饮食与长寿相互关系的世界权威，基因编辑先驱乔治·丘奇教授的得意门生，哈佛大学医学院"个人基因组计划"老年医学研究负责人，生命科学领域的连续创业家，TED 演讲人，普雷斯顿·埃斯特普重磅新书。

◎ 基因时代的长寿达人健康饮食建议，通过饮食调理基因，延长大脑生命力。

图书在版编目（CIP）数据

上帝的手术刀：基因编辑简史 / 王立铭著 .—杭州：浙江
人民出版社，2017.5

ISBN 978-7-213-07975-7

Ⅰ.①上… Ⅱ.①王… Ⅲ.①基因工程 Ⅳ.① Q78

中国版本图书馆 CIP 数据核字（2017）第 066664 号

上架指导：生命科学／基因科技

上帝的手术刀：基因编辑简史

王立铭　著

出版发行：浙江人民出版社（杭州体育场路 347 号　邮编　310006）
　　　　　市场部电话：（0571）85061682　85176516
集团网址：浙江出版联合集团　http://www.zjcb.com
责任编辑：蔡玲平　陈　源
责任校对：杨　帆
印　　刷：中国电影出版社印刷厂
开　　本：720mm × 965 mm　1/16　　　　印　　张：16.5
字　　数：179 千字　　　　　　　　　　　插　　页：1
版　　次：2017 年 5 月第 1 版　　　　　　印　　次：2019 年 1 月第 7 次印刷
书　　号：ISBN 978-7-213-07975-7
定　　价：59.90 元